Forschungsberichte

Band 82

Berichte aus dem
Institut für Werkzeugmaschinen
und Betriebswissenschaften
der Technischen Universität
München

Herausgeber:
Prof. Dr.-Ing. G. Reinhart
Prof. Dr.-Ing. J. Milberg

Springer-Verlag
Berlin Heidelberg GmbH

Robert Kahlenberg

Integrierte Qualitätssicherung in flexiblen Fertigungszellen

Mit 71 Abbildungen

Springer-Verlag
Berlin Heidelberg GmbH 1995

Dipl.-Ing. Robert Kahlenberg
Institut für Werkzeugmaschinen und Betriebswissenschaften (iwb), München

Univ.-Prof. Dr.-Ing. G. Reinhart
o. Professor an der Technischen Universität München
Institut für Werkzeugmaschinen und Betriebswissenschaften (iwb), München

Univ.-Prof. Dr.-Ing. J. Milberg
o. Professor an der Technischen Universität München
Institut für Werkzeugmaschinen und Betriebswissenschaften (iwb), München

D 91

ISBN 978-3-540-58772-9 ISBN 978-3-662-12100-9 (eBook)
DOI 10.1007/978-3-662-12100-9

Gesamtherstellung: Hieronymus Buchreproduktions GmbH, München.
SPIN: 10491897 62/3020-543210

Geleitwort der Herausgeber

Die Produktionstechnik ist für die Weiterentwicklung unserer Industriegesellschaft von zentraler Bedeutung. Denn die Leistungsfähigkeit eines Industriebetriebes hängt entscheidend von den eingesetzten Produktionsmitteln, den angewandten Produktionsverfahren und der eingeführten Produktionsorganisation ab. Erst das optimale Zusammenspiel von Mensch, Organisation und Technik erlaubt es, alle Potentiale für den Unternehmenserfolg auszuschöpfen.

Um in dem Spannungsfeld Komplexität, Kosten, Zeit und Qualität bestehen zu können, müssen Produktionsstrukturen ständig neu überdacht und weiterentwickelt werden. Dabei ist es notwendig, die Komplexität von Produkten, Produktionsabläufen und -systemen einerseits zu verringern und andererseits besser zu beherrschen.

Ziel der Forschungsarbeiten des *iwb* ist die ständige Verbesserung von Produktentwicklungs- und Planungssystemen, von Herstellverfahren und Produktionsanlagen. Betriebsorganisation, Produktions- und Arbeitsstrukturen und Systeme zur Auftragsabwicklung im Unternehmen werden unter besonderer Berücksichtigung mitarbeiterorientierter Anforderungen entwickelt. Die dabei notwendige Steigerung des Automatisierungsgrades darf jedoch nicht zu einer Verfestigung arbeitsteiliger Strukturen führen. Fragen der optimalen Einbindung des Menschen in den Produktentstehungsprozeß spielen deshalb eine sehr wichtige Rolle.

Die im Rahmen dieser Buchreihe erscheinenden Bände stammen thematisch aus den Forschungsbereichen des *iwb*. Diese reichen von der Produktentwicklung über die Planung von Produktionssystemen hin zu den Bereichen Fertigung und Montage. Steuerung und Betrieb von Produktionssystemen, Qualitätssicherung, Verfügbarkeit und Autonomie sind Querschnittsthemen hierfür. In den *iwb*-Forschungsberichten werden neue Ergebnisse und Erkenntnisse aus der praxisnahen Forschung des *iwb* veröffentlicht. Diese Buchreihe soll dazu beitragen, den Wissenstransfer zwischen dem Hochschulbereich und dem Anwender in der Praxis zu verbessern.

Joachim Milberg *Gunther Reinhart*

Vorwort

Die vorliegende Dissertation entstand während meiner Tätigkeit als wissenschaftlicher Mitarbeiter am Institut für Werkzeugmaschinen und Betriebswissenschaften (iwb) der Technischen Universität München.

Den Herrn Professoren Dr.-Ing. J. Milberg und Dr.-Ing. G. Reinhart, den Leitern dieses Instituts, gilt mein besonderer Dank für die wohlwollende Förderung und großzügige Unterstützung meiner Arbeit.

Herrn Prof. Dr.-Ing. J. Heinzl, dem Leiter des Lehrstuhls für Feingerätebau und Getriebelehre, danke ich für die Übernahme des Korreferates und die aufmerksame Durchsicht der Arbeit.

Darüberhinaus möchte ich allen Mitarbeiterinnen und Mitarbeitern des Instituts und allen Studenten, die mich bei der Erstellung meiner Arbeit unterstützt haben, recht herzlich danken.

München, im Juni 1994 Robert Kahlenberg

Inhaltsverzeichnis

1 Einführung

1.1 Ausgangssituation

Die Bedingungen, unter denen Wettbewerbsvorteile erlangt werden können, haben sich für die Unternehmen in den letzten Jahren wesentlich verändert. Auf Grund der allgemeinen Markt- und Innovationsdynamik und der zunehmenden Sättigung der Märkte reichen die traditionellen Methoden nicht mehr aus, um sich gegenüber den Wettbewerbern zu profilieren (Bild 1.1).

So ist Kostenführerschaft in gesättigten Märkten durch mengenmäßige Kostendegression kaum mehr zu erreichen. Auch wird die Produktdifferenzierung in global vernetzten Märkten zunehmend schwieriger. Die Konzentration auf wenige Produkte hingegen ist ein riskanter Weg, um Wettbewerbsvorteile zu sichern, da wegen des fehlenden Produktmix ein Risikoausgleich nicht mehr gegeben ist.

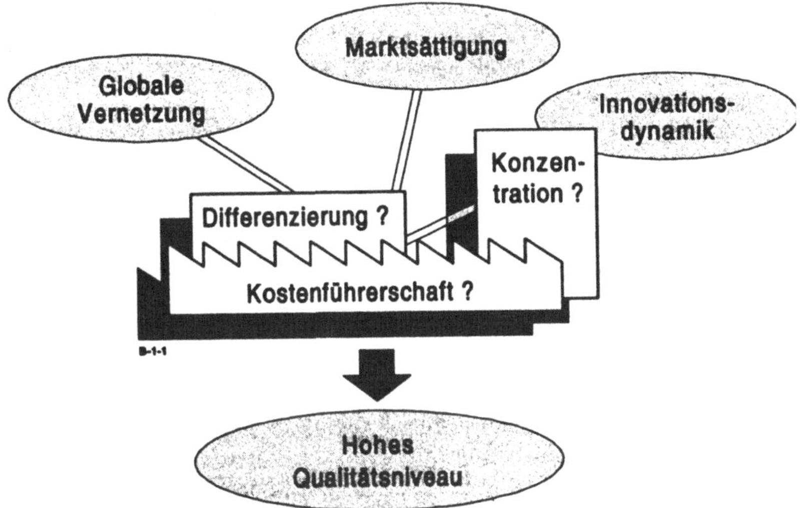

Bild 1.1: Hohes Qualitätsniveau als Wettbewerbsstrategie nach /Milb 93/

Vor diesem Hintergrund wird die Qualität zu einem bestimmenden Wettbewerbsfaktor. Unternehmen, die mit einem innovativen, qualitativ hochwertigen Produkt früher auf den Markt kommen als ihre Wettbewerber, haben die Chance, Marktanteile zu gewinnen. Der Qualitätsvorteil läßt sich außerdem in einen Kostenvorteil umsetzen, da durch Fehlervermeidung die Produktivität gesteigert werden kann /Milb 90W+91+93, Kami 90, Bull 91/.

Auch die Anforderungen an die Produktion haben sich geändert. Produkte müssen innerhalb kürzerer Zeiträume bei zunehmender Variantenvielfalt, kleineren Losgrößen und höherem Qualitätsniveau hergestellt werden. Flexibilität und Produktivität werden somit zu weiteren Wettbewerbsfaktoren. Eine Antwort auf diese neue Aufgabenstellung sind flexible Fertigungszellen /Spur 86+91W, West 90+91C, Weck 91R/. Jedoch fehlt bislang eine Systematik, wie die in flexiblen Fertigungszellen hergestellten Werkstücke qualitativ verbessert werden können /Pfei 90Q, Glas 93, Kahl 93/.

1.2 Zielsetzung

Die Umsetzung qualitätssichernder Maßnahmen im technischen Prozeß wird durch mangelndes Zusammenwirken zwischen den Systemen der Qualitätssicherung und den Steuerungsstrukturen der Fertigung gehemmt. Qualitätssicherungssysteme sind meist nicht in die laufende Fertigung integriert. Einheitliche Schnittstellen für die Gewinnung aller qualitätsrelevanten Daten und für die Integration der Qualitätssicherungssysteme in den Informationsfluß flexibler Fertigungszellen fehlen. Die vorhandenen Strukturen für die Aufnahme von Qualitätsdaten sowie die Ermittlung qualitätssichernder Maßnahmen und deren Rückwirkung auf den technischen Prozeß werden bisher zuwenig genutzt /Pfei 86K, Köpp 88+89+89H, Vogt 88, Duts 89, Ande 90, Gout 90, Kahl 91/.

Ziel dieser Arbeit ist, ein ganzheitliches Konzept zur integrierten Qualitätssicherung in flexiblen Fertigungszellen zu entwickeln, das folgendem Anspruch gerecht wird: Fehler und Störungen, die zu Qualitätsverlusten führen, frühzeitig zu erkennen und dadurch zu beheben, daß qualitätssichernde Maßnahmen im technischen Prozeß umgesetzt werden. Integrierte Qualitätssicherung in flexiblen Fertigungszellen bedeutet daher den Übergang von der dem technischen Prozeß bisher nachgeschalteten Qualitätskontrolle zu einer den technischen Prozeß begleitenden Qualitätsregelung (Bild 1.2).

Voraussetzung für dieses Konzept ist,

- daß standardisierte Schnittstellen definiert, die vorhandenen Steuerungsstrukturen erweitert und qualitätsrelevante Regelkreise geschlossen werden /Heil 89, Pfei 90Q, Milb 91K, Töns 91/;

- daß die technischen Prozesse unter Qualitätsgesichtspunkten transparent und beherrschbar gemacht werden /Füll 88, Gumb 88, Warn 89J/;
- daß Schnittstellen zu verschiedenen Bereichen des Fertigungsvorfeldes (Konstruktion, Planung, Auftragsabwicklung etc.) eine vertikale Durchgängigkeit des Informationsflusses sicherstellen und hierdurch die Arbeitsabläufe in diesen Bereichen unterstützen /Ever 88, Melc 90, Milb 92, Spat 93/;
- daß Funktionalitäten zur Qualitätssicherung erarbeitet werden und in die Steuerungsstruktur flexibler Fertigungszellen integriert werden /Krin 89, Pfei 89Bo+90S, West 91, Lübb 91/;
- daß Schnittstellen und Informationsflußstrukturen für die Anbindung des technischen Prozesses und qualitätsrelevante Regelkreise unter Ausnutzung bereits vorliegender Informationsstrukturen realisiert werden /Duel 86, Kohe 90, Bend 90+91/.

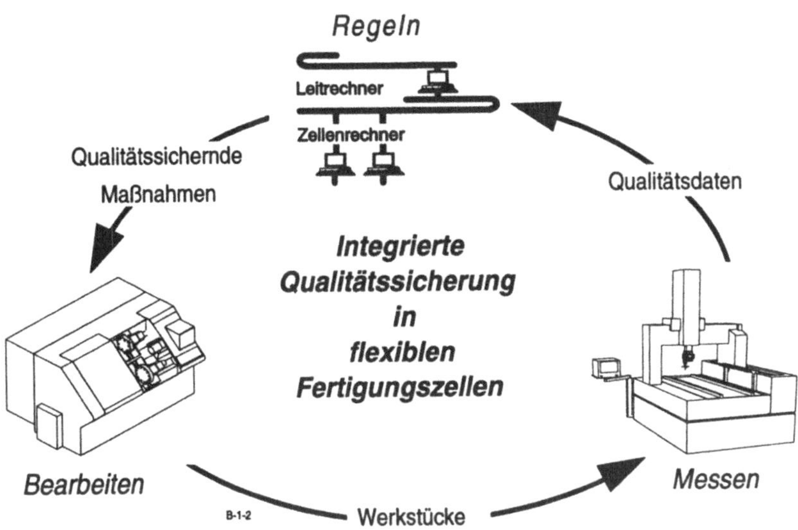

Bild 1.2: Zielsetzung der Arbeit

1.3 Vorgehensweise

In Bild 1.3 ist die Vorgehensweise im Rahmen der Arbeit dargestellt. Zunächst sollen verschiedene Aspekte der Qualitätssicherung in der flexiblen Fertigung analysiert werden. Hierbei stehen der Aufbau und die Steuerungsstruktur von Fertigungssystemen und -zellen sowie der derzeitige Stand des Einsatzes von Qualitätssicherungsmethoden in der flexiblen Fertigung im Vordergrund. Einen maßgeblichen Teil der Qualitätssicherung in der flexiblen Fertigung stellt die Behandlung von Fehlern im technischen Prozeß dar. Daher werden Grundlagen der Fehlerbehandlung in technischen Problemstellungen näher vorgestellt (Kapitel 2).

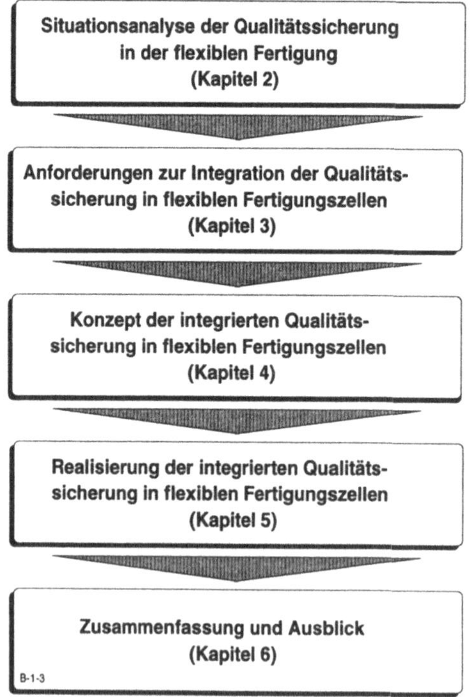

Bild 1.3: Vorgehen im Rahmen der Arbeit

Aufbauend auf der Situationsanalyse der Qualitätssicherung in der flexiblen Fertigung werden die Anforderungen, die sich aus der Zielsetzung der Arbeit ergeben, erarbeitet. Die Anforderungen zur Integration der Qualitätssicherung in flexible

Fertigungszellen sowie an die Struktur und Abläufe der Qualitätssicherung werden aufgestellt, erörtert und analysiert (Kapitel 3).

Kapitel 4 behandelt das Konzept der integrierten Qualitätssicherung in flexiblen Fertigungszellen. Zunächst wird das Grundkonzept der Qualitätssicherung in flexiblen Fertigungszellen beschrieben mit den Elementen: Bildung von Qualitätsregelkreisen in flexiblen Fertigungszellen - Objekte, Aufgaben und Wirkungsgefüge der Qualitätssicherung in flexiblen Fertigungszellen. Es folgt die Spezifikation der Qualitätsdaten und ihre Strukturierung in dem erarbeiteten produktzentrierten Qualitätsdatenmodell.

Qualitätsdaten sind die Basis der Qualitätssicherung in flexiblen Fertigungszellen. Der offene Zugriff auf alle qualitätsrelevanten Daten ist eine wesentliche Voraussetzung für die Qualitätssicherung. Weitere Problemstellungen in diesem Kapitel sind die Struktur und die Abläufe der Qualitätssicherung. Breiten Raum nimmt das Konzept der Fehlerbehandlung ein, die der zentrale Bestandteil der Qualitätssicherung in flexiblen Fertigungszellen ist. Erarbeitet werden die Aufgaben der Fehlerbehandlung, das erforderliche Fehlerwissen und die Funktionen zur Fehlerbehandlung.

Das fünfte Kapitel stellt an einem Beispiel dar, wie das Konzept der integrierten Qualitätssicherung in flexiblen Fertigungszellen realisiert wird. Zunächst wird die System- und Entwicklungsumgebung beschrieben. Dann folgen detailliert Informationen über die realisierte Struktur der Qualitätssicherung sowie über die daten- und informationsflußtechnische Integration. Abschließend werden die realisierten Bestandteile der integrierten Qualitätssicherung in flexiblen Fertigungszellen vorgestellt: die Qualitätsdatenbasis QDB, die qualitätsgerechte Anbindung von Betriebsmitteln, der Qualitätssicherungsprozeß in den Zellenrechnern sowie das System zur Unterstützung qualitätssichernder Entscheidungen QDS. Die Umsetzung des ganzheitlichen Konzepts wird am Beispiel der Qualitätssicherung im flexiblen Fertigungssystem am Institut für Werkzeugmaschinen und Betriebswissenschaften (iwb) - bestehend aus mehreren Fertigungszellen - demonstriert.

Am Ende dieser Arbeit steht eine Zusammenfassung und Bewertung der Ergebnisse. Außerdem werden Themenstellungen skizziert, die auf diesen Ergebnissen aufbauen und die sich mit der konsequenten Fortführung des Qualitätsgedankens in der Fertigung befassen (Kapitel 6).

2 Situationsanalyse der Qualitätssicherung in der flexiblen Fertigung

2.1 Einführung

In diesem Kapitel wird die Situation der Qualitätssicherung in der flexiblen Fertigung analysiert. Flexible Fertigungszellen werden den vom Markt gestellten Anforderungen am weitesten gerecht. Problematisch ist jedoch die Frage, wie die Qualität der mit diesen Systemen hergestellten Werkstücke gesichert und verbessert werden kann. Der Aufbau und die Steuerungsstruktur flexibler Fertigungszellen und -systeme wird am Anfang der Situationsanalyse beschrieben. Nach einer kurzen Erläuterung des Qualitätsbegriffs wird der Einsatz von Qualitätssicherungsmethoden in der Fertigungstechnik behandelt. Die Möglichkeiten, qualitätssichernde Maßnahmen in der flexiblen Fertigung umzusetzen, und der derzeitige Stand der Strukturierung hierarchischer Qualitätsregelkreise in der flexiblen Fertigung liefern wesentliche Erkenntnisse über den Stand der Technik der Qualitätssicherung in der Fertigung. Anschließend werden die auftretenden Fehler, die durch die Qualitätssicherung untersucht werden müssen, klassifiziert und durch die Analyse des Fehlergrads und der Fehlerkausalitäten beschrieben. Grundlegende Fehlerbehandlungsverfahren werden vorgestellt, untersucht und auf ihre Verwendbarkeit im Rahmen der Qualitätssicherung hin überprüft.

2.2 Flexibel automatisierte Fertigungszellen und -systeme

2.2.1 Einsatzbereich

Bei der Betrachtung unterschiedlicher Fertigungsprinzipien ergeben sich für deren Anwendung vier verschiedene Einsatzkriterien: Die Losgrößen, die Variantenvielfalt, die Flexibilität und die Produktivität. Abhängig von den gestellten Anforderungen ergeben sich unterschiedliche Einsatzbereiche der Fertigungsprinzipien (Bild 2.1) /Warn 90/.

Die Werkstattfertigung ist durch sehr hohe Flexibilität bei niedriger Produktivität gekennzeichnet. Die Variantenvielfalt ist sehr groß, die durchschnittlichen Losgrößen sind, bedingt durch hohe Nebenzeiten und einen hohen manuellen Arbeitsanteil, gering. Das Werkstattfertigungsprinzip wird daher hauptsächlich in der Einzel- und Kleinserienfertigung eingesetzt /Weck 92, Warn 90/.

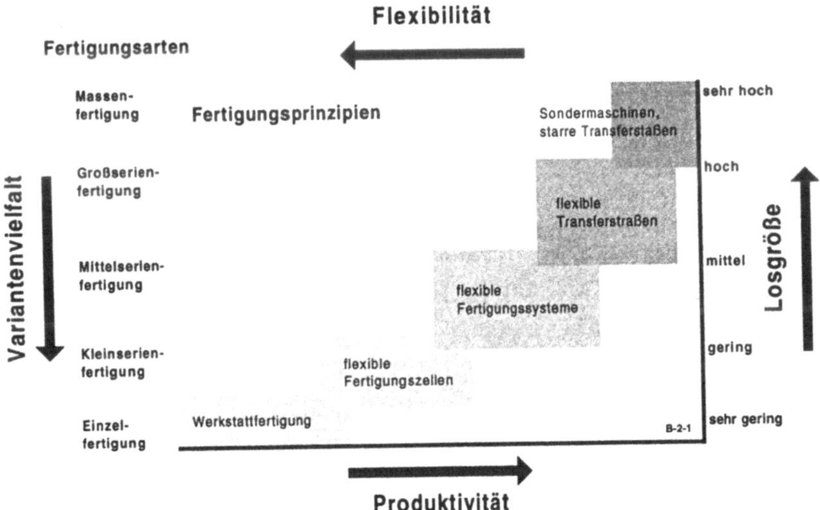

Bild 2.1: Einordnung flexibler Fertigungszellen und -systeme nach /Warn 90/

Der Einsatz von Transferstraßen ist auf die Bearbeitung weniger Teilevarianten begrenzt. Transferstraßen weisen eine sehr geringe Flexibilität bei hoher Produktivität auf. Aufgrund der taktgebundenen, automatisierten Arbeitsweise der Transferstraßen sind die durchschnittlichen Losgrößen sehr groß. Transferstraßen und Sondermaschinen werden daher vor allem bei der Großserien- und Massenfertigung eingesetzt /Weck 82, Warn 90/.

Flexibel automatisierte Fertigungszellen und -systeme sind durch hohe Flexibilität und Produktivität gekennzeichnet. Sie sind in der Lage, bei großer Variantenvielfalt und kleinen bis mittleren Losgrößen wirtschaftlich zu arbeiten. Flexibel automatisierte Fertigungszellen und -systeme werden somit, im Gegensatz zur Werkstattfertigung und zu Transferstraßen, den Marktanforderungen nach flexibler Fertigung kleiner Losgrößen bei großer Variantenvielfalt gerecht /Groh 88, Hert 91/.

Wie die Forderung nach qualitativ hochwertigen Produkten bei geringen Fehlerkosten mit flexiblen Fertigungszellen und -systemen erfüllt werden kann, ist bislang jedoch noch nicht zufriedenstellend geklärt worden /Ever 91E/. Zum einen sind die manuellen Tätigkeiten in diesen Systemen auf ein Minimum reduziert /Groh 88, Spur 91R, Glas 93/. Zum anderen sind die durchschnittlichen Losgrößen zu klein, um vorhandene statistische Methoden zur Qualitätssicherung anwenden zu können /Bong 87, Kirs 89/.

2.2.2 Aufbau

Der in /Dole 70/ eingeführte Begriff des flexiblen Fertigungssystems (FFS) wird in mehreren Arbeiten /Stut 74, Weck 82, Spur 82, Maßb 89/ definiert. So versteht /Weck 82/ unter einem flexiblen Fertigungssystem ein System, das aus Maschinen und technischen Einrichtungen besteht. Sie sind über ein gemeinsames Steuer- und Transportsystem so miteinander verknüpft, daß eine automatische Fertigung stattfinden kann und daß innerhalb eines gegebenen Bereiches unterschiedliche Bearbeitungsaufgaben an unterschiedlichen Werkstücken durchgeführt werden können, wobei der Ablauf nicht durch manuelle Rüstvorgänge unterbrochen wird.

Dem Problem der hohen Komplexität und der daraus resultierenden niedrigen Verfügbarkeit flexibler Fertigungssysteme kann durch eine Gliederung der Systeme in einzelne, entkoppelte Teilsysteme begegnet werden /Reit 87, Schö 92/. Diese Teilsysteme, die über einheitliche Schnittstellen zum Informations-und Materialfluß verfügen, werden als flexible Fertigungszellen bezeichnet. Die Strukturierung orientiert sich dabei an der Einmaschinenzelle. /Maßb 89/ versteht darunter eine Fertigungsmaschine, die durch eine automatisierte Werkstück- und Werkzeugversorgung für einen bestimmten Zeitraum autark betrieben werden kann. Diese Gliederung macht sich auch die natürliche Aufteilung eines Werkstattauftrags auf mehrere Maschinen einer mehrstufigen Fertigung zunutze /Groh 88/. Als Verallgemeinerung für flexible Fertigungszellen soll die Definition nach /Groh 88/ dienen, der unter einer flexiblen Fertigungszelle eine rechnergeführte Arbeitsstation und deren zugeordnete Peripherie mit Überwachungseinrichtungen, Einrichtungen zur Bereitstellung und Zuführung von Werkstücken und Betriebsmitteln sowie Einrichtungen zur Verkettung mit anderen Zellen versteht. Verschiedene Fertigungszellen lassen sich über Systeme für den Materialfluß und für die Informationsverarbeitung zu einem flexiblen Fertigungssystem verknüpfen.

Bild 2.2 zeigt das Layout eines solchen am iwb installierten flexiblen Fertigungssystems, das aus zwei Fertigungszellen, einer Meßzelle und einer Betriebsmittelzelle mit einem angeschlossenen manuellen Werkzeugmontageplatz besteht. Der Materialfluß zwischen den Zellen wird von einem fahrerlosen Transportsystem (FTS) abgewickelt.

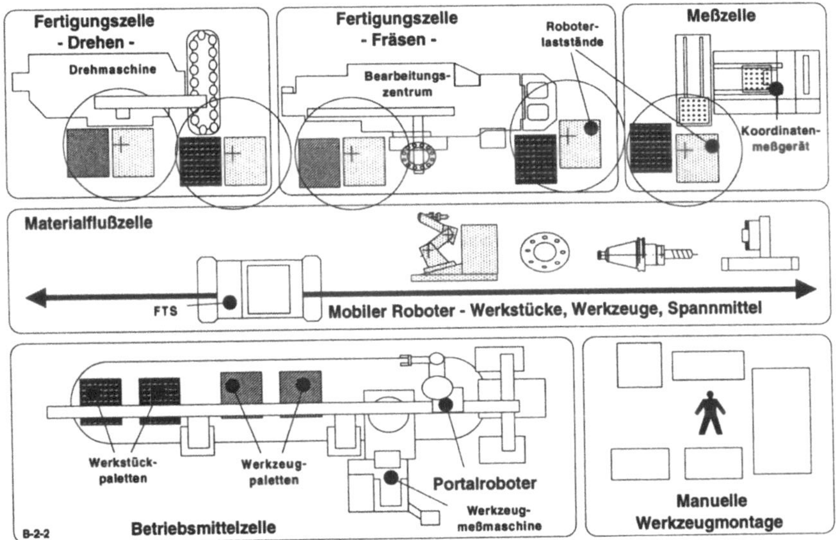

Bild 2.2: Flexibles Fertigungssystem am iwb

2.2.3 Steuerungsstruktur

Der hohe Flexibilitäts- und Automatisierungsgrad flexibler Fertigungssysteme läßt auch die Anforderungen an den Informationsfluß bzw. die Informationsverarbeitung ansteigen /Milb 90E/. Die sich hieraus ergebende Komplexität der Aufgabenstellungen zur Steuerung flexibler Fertigungssysteme macht eine Aufteilung der Informationsverarbeitung in hierarchisch gegliederte Ebenen sinnvoll. Durch die Begrenzung der Aufgaben einer Ebene wird nicht nur eine informationstechnische Überlastung vermieden. Es wird auch eine Entkopplung der Systeme erreicht, die zur Steigerung der Systemverfügbarkeit beiträgt /Groh 88, Kupe 91, Weck 92, Glas 93/.

Eine Unterteilung der Informationsverarbeitung in fünf Ebenen (Bild 2.3) wird nach /ISO 86/ vorgenommen. Hierbei handelt es sich um die Planungs-, die Leit-, die Zellen-, die Steuerungs- und die Aktor-/Sensorebene. Gemäß der Definition des Ebenenmodells kommuniziert jede Ebene nur mit der nächst höheren bzw. tieferen. Der vertikale Informationsfluß zwischen den Ebenen dient der Aufgabenübermittlung von der übergeordneten auf die untergeordnete Hierarchiestufe sowie der Fertigmeldung der Aufgaben und der Rückmeldung von Daten, die während der

Bearbeitung einer Aufgabe angefallen sind. Innerhalb der Ebenen gibt es die Möglichkeit des horizontalen Informationsflusses, der zur Synchronisation und Aufgabenübermittlung der Systeme innerhalb einer Hierarchiestufe dient /Duel 86/.

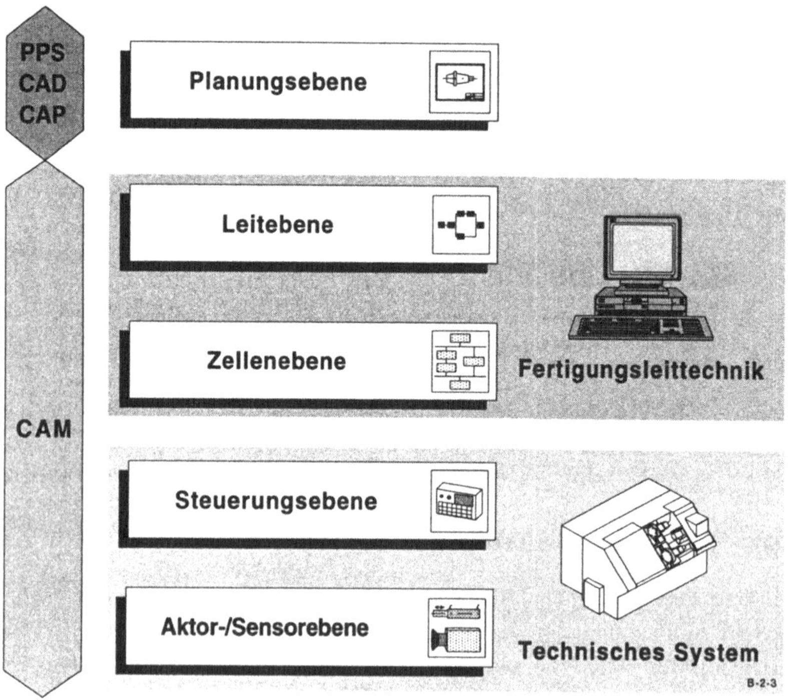

Bild 2.3: Hierarchieebenen der Informationsverarbeitung nach /ISO 86/

In der Planungsebene werden bereichsübergreifende Planungsaufgaben durchgeführt. Neben der Produktkonstruktion (CAD), der Arbeitsplanung und NC-Programmierung (CAP) gehört dazu auch die Produktionsplanung und -steuerung (PPS). Die Planungsebene liefert für den CAM-Bereich, der alle unteren Ebenen umfaßt, die zur Durchführung der Produktionsprozesse notwendigen technischen und organisatorischen Vorgabedaten /Milb 92/.

Die Aufgaben der Leit- und Zellenebene werden durch die Fertigungsleittechnik abgedeckt. Während hierbei in der Leitebene die zellenübergreifende Werkstattsteuerung erfolgt, übernimmt die Zellenebene die Steuerung und Überwachung der Fertigungsabläufe innerhalb einzelner Zellen. Unterhalb der Zellenebene befinden sich die Steuerungs- und die Aktor-/Sensorebene, die die Informationsverarbeitung im technischen System darstellen. Da sie in der Regel fest in das jeweilige Maschinensystem integriert sind, sind für die Realisierung des Informationssystems in der Zellen- und Leitebene vor allem die Funktionalitäten und Schnittstellen der Steuerungsebene wichtig /Weck 90/.

Für die Qualitätssicherung in flexiblen Fertigungssystemen und -zellen sind die Ebenen der Fertigungsleittechnik von besonderer Bedeutung. Sie werden daher im folgenden näher betrachtet. Die Informationsverarbeitung erfolgt in der Leitebene im Leitsystem, unter dem /Kupe 91/ ein System zur Online-Führung flexibler Fertigungssysteme versteht. Das Leitsystem übernimmt die Aufgabe der Werkstattsteuerung, die in der konventionellen Fertigung häufig der Meister durchführt. Die Werkstattsteuerung umfaßt dispositive und koordinierende Aufgaben, die bei der Planung und Abwicklung der Fertigungsaufträge unter Berücksichtigung vorgegebener Randbedingungen (z.B. Ecktermine) anfallen /Hamm 89/. Die in der Zellenebene anfallenden Aufgaben der Informationsverarbeitung werden von Zellenrechnern erledigt. Die Funktionalitäten eines Zellenrechners lassen sich nach /Glas 93/ in fünf Funktionsgruppen einteilen. Es handelt sich um

- operative Funktionen,
- dispositive Funktionen,
- Diagnosefunktionen,
- Verwaltungsfunktionen und
- Kommunikationsfunktionen.

Operative Funktionen, dispositive Funktionen und Diagnosefunktionen werden nach /Groh 88/ auch als Kernfunktionen eines Zellenrechners bezeichnet. Verwaltungs- und Kommunikationsfunktionen hingegen zählen zu den Dienstleistungsfunktionen, die die Kernfunktionen für die Durchführung ihrer Aufgaben benötigen. Vom übergeordneten Leitsystem empfangen die Zellenrechner Aufträge und Vorgabedaten, die zur Durchführung notwendig sind. Unter einem Auftrag ist dabei ein Teilauftrag eines Fertigungs- oder Werkstattauftrages zu verstehen, der aus dem in der entsprechenden Zelle durchzuführenden Arbeitsvorgang des Arbeitsplanes abgeleitet wird. Als Rückmeldungen zu einem Auftrag erhält das Leitsystem aus der Zellenebene Auftragsfertigmeldungen und Fehlermeldungen sowie die während der Auftragsbearbeitung gewonnenen Betriebs- und Maschinendaten.

Die Schnittstelle von der Zellen- zur Steuerungsebene stellt gleichzeitig auch die Schnittstelle zwischen dem technischen System und der Fertigungsleittechnik dar. Über diese Schnittstelle werden die unterlagerten Ebenen mit Maschinenprogrammen, Parametern und Korrekturdaten versorgt. Über Steueranweisungen werden Aktionen in den Maschinen ausgelöst. Als Rückmeldungen werden Status- und Fehlermeldungen sowie Maschinendaten an die Zellenebene zurückgegeben. Der Informationsaustausch erfolgt aber nicht nur vertikal mit der über- bzw. untergeordneten Ebene, sondern auch horizontal innerhalb der Zellenebene.

2.3 Qualitätssicherung

2.3.1 Qualitätsbegriff

Im folgenden soll der für das weitere Verständnis der Arbeit wesentliche Begriff Qualität erläutert werden. Zur Klärung weiterer Begriffe der Qualitätslehre sei auf die umfangreiche Literatur zu dieser Thematik verwiesen /DIN 55350, ISO 8402, ISO 900x, DIN 1319, Geig 92/.

Qualität ist ein Begriff mit vielen unterschiedlichen Inhalten. In der Umgangssprache z.B. steht Qualität häufig für Vortrefflichkeit im Sinne einer besonderen Qualität eines Produktes. In der Fachliteratur gibt es verschiedene, zum Teil unterschiedliche Definitionen des Begriffs Qualität /DIN 55350, ISO 8402, DGQ 87B, REFA 85/.

/DIN 55350/ definiert Qualität als die Beschaffenheit (Gesamtheit aller Merkmale und Merkmalswerte) einer Einheit (materieller oder immaterieller Gegenstand der Betrachtung) bezüglich ihrer Eignung, festgelegte Erfordernisse zu erfüllen. /ISO 8402/ definiert Qualität als die Gesamtheit von Eigenschaften und Merkmalen eines Produktes oder einer Dienstleistung, die sich auf deren Eigung zur Erfüllung festgelegter oder vorausgesetzter Erfordernisse beziehen.

In /ISO 8402/ bedeutet Qualität die Beschaffenheit, die fähig macht, Anforderungen zu erfüllen. Sie ist bestimmt durch diejenigen Eigenschaften und Fähigkeiten, die für die Erfüllung der Anforderungen relevant sind, d.h. einer für die Erfüllung seiner Funktion wichtigen Auswahl von Eigenschaften aus der viel größeren Anzahl der zur vollständigen Beschreibung nötigen Angaben. In /DIN 55350/ stellt Qualität ein Verhältnis dar, eine Relation von Ist-Daten zu Soll-Daten als Ausmaß der Übereinstimmung oder Nichtübereinstimmung, als Ausmaß der Abweichung.

Die Qualität eines Produktes oder eines Prozesses wird zum einen durch die Daten beschrieben, die seine Fähigkeiten präzise zum Ausdruck bringen, und zum anderen durch das Ausmaß der Abweichungen, die jedoch keine Angaben über die Fähigkeit des Produktes bergen. Die Bewertung der Abweichungen, in welchem Maße sie die Fähigkeit eines Produktes beeinträchtigen, macht die Abweichungen greifbarer /Cunt 91, Zorn 91/ (siehe auch Abschnitt 2.4.2).

2.3.2 Methoden der Qualitätssicherung in der Fertigung

Der Einsatz qualitätssichernder Methoden in der Fertigung steht in engem Zusammenhang mit den jeweiligen Fertigungsprinzipien (Bild 2.4).

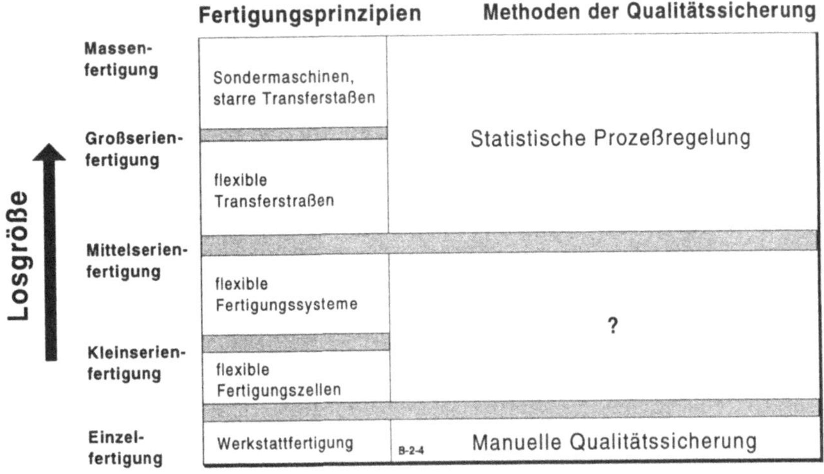

Bild 2.4: Einsatz von Qualitätssicherungsmethoden in der Fertigungstechnik

In der Werkstattfertigung werden der technische Prozeß und die Produktqualität in der Regel manuell überwacht; nach Bedarf greift man manuell korrigierend auf den Prozeß ein. Dazu muß menschliches Erfahrungswissen genutzt werden, um Fehler, die zu Qualitätsverlusten führen, frühzeitig zu erkennen und zu beheben. Diese Vorgehensweise setzt gute Kenntnisse über die Zusammenhänge zwischen Bearbeitungsergebnis und technischem Prozeß voraus. In der Werkstattfertigung werden die Aufgaben der Qualitätssicherung vom Maschinenbediener selbst oder von der Qualitätssicherungsabteilung wahrgenommen /Burk 90, Spur 91R/.

Der Einsatz von Transferstraßen ist auf die Bearbeitung weniger Teilevarianten bei sehr großen Losgrößen beschränkt. Die hohen Stückzahlen erlauben den Einsatz statistischer Methoden zur Qualitätssicherung in Form der statistischen Prozeßregelung (SPC Statistical Process Control). Der Anlagenbediener wird durch eine graphische Aufbereitung von Prozeßkenngrößen und Qualitätsmerkmalen der Werkstücke in seinen Entscheidungen unterstützt. Für bestimmte, jedoch von vorneherein festgelegte Fehlersituationen kann der Vorgang der Fehlerbehandlung zur Entlastung des Anlagenbedieners automatisiert werden. In diesen Fällen werden z.B Korrekturwerte von Werkzeugen direkt vom Meßcomputer an die Steuerung der Maschine übergegeben /Raub 87, Kirs 89+90, Graf 89, Bart 89, Star 91/.

Bei Fertigungszellen und -systemen ist die Aufgabe der Qualitätssicherung bislang noch nicht zufriedenstellend gelöst. Flexible Fertigungszellen verbinden die Automatisierung der Transferstraßen mit der Flexibilität der Werkstattfertigung. Auf der einen Seite können, um die Entkopplung des Bedieners von der Laufzeit der Maschinen konsequent einzuhalten, spezielle qualitätssichernde Aufgaben nicht mehr vom Anlagenführer übernommen werden. Auf der anderen Seite fehlt, aufgrund der geringen Losgrößen, die für den Einsatz statistischer Methoden notwendige Datenbasis. Aufgrund der geforderten Flexibilität, z.B. der Bearbeitung von variantenreichen Teilefamilien, ergeben sich größere Anforderungen an die Leistungsfähigkeit der Qualitätssicherung in flexiblen Fertigungszellen /Baue 86, DGQ 87R, Maen 89, Nomm 90, FQS 91Q/.

2.3.3 Qualitätsregelkreise

Die Qualitätssicherung übernimmt in zunehmenden Maße den Charakter einer Querschnittsfunktion. Der wichtigste Ansatz hierbei liegt im Modell des Qualitätsregelkreises, dessen Ursprung das klassische Regelkreismodell darstellt /Schm 84, Föll 90, Pfei 90Q/. Bei bisher realisierten Qualitätsregelkreisen handelt es sich um prozeßorientierte Regelkreise, die auf den technischen Prozeß direkt wirken. Im Mittelpunkt steht der technische Prozeß mit seinen Elementen Maschine, Verfahren, Umwelt, Material und Bediener. Für den Regelungsmechanismus werden am technischen Prozeß Meßergebnisse (Regelgrößen) gewonnen und mit Sollvorgaben (Führungsgrößen) verglichen. Liegen Abweichungen, die von Störungen verursacht werden, zwischen Führungsgröße und Regelgröße vor, wirkt der Regler mit Stellgrößen so lange auf den Prozeß (Regelstrecke) ein, bis die gewünschten Sollvorgaben wieder erreicht werden. Für den erfolgreichen Einsatz von Regelkreisen müssen die

Zusammenhänge zwischen Stör-, Regel-, Führungs- und Stellgrößen exakt definiert sein /Auge 89, Hauß 89+90U+90F/.

Bild 2.5 zeigt zelleninterne Qualitätsregelkreise, die über die Steuerungsebene bereits vereinzelt realisiert wurden /Auge 89/. Hierbei werden Qualitätsdaten in die Maschinensteuerung zur Ermittlung von Maschinenkorrekturwerten rückgeführt. Zelleninterne Qualitätsregelkreise sind Regelkreise, die innerhalb einer Fertigungszelle mit der Maschinensteuerung als zentrale Steuereinheit geschlossen werden können. Man unterscheidet dabei die maschineninterne und die maschinenexterne Meßwertaufnahme /Schw 85, Seid 91/.

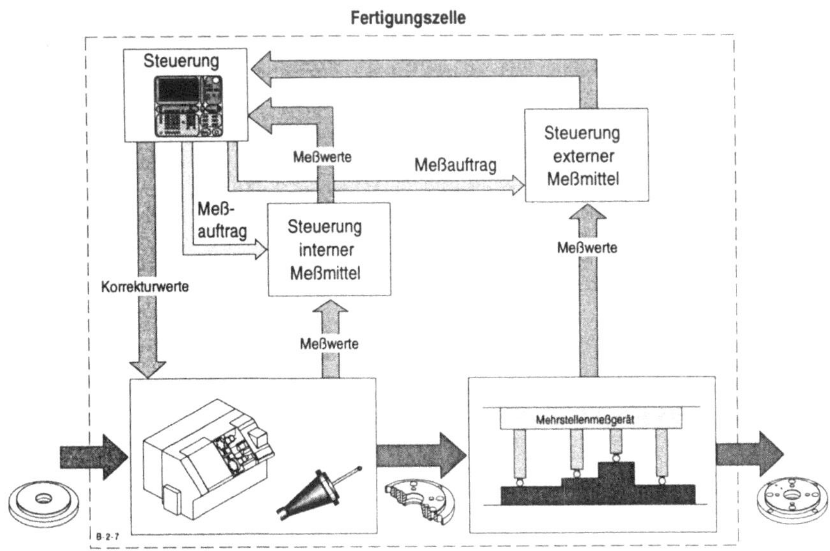

Bild 2.5: Qualitätsregelkreise in Fertigungszellen

Bei der maschineninternen Meßwertaufnahme werden die Qualitätsdaten mit Hilfe interner Meßmittel und Überwachungssysteme (Meßtaster, Lasermessung, Werkzeug-Bruch, Werkzeug-Standzeit etc.) in der Maschine ermittelt. Die internen Meßmittel sind steuerungstechnisch der Gerätesteuerung der Maschine untergeordnet. Die Meßwerte stehen der Gerätesteuerung direkt zur Verarbeitung zur Verfügung. Die aus der Verarbeitung resultierenden Korrekturwerte fließen anschließend sofort in die Bearbeitung ein /Stra 87, Bier 88, Fuer 88, Pfei 88, Elze 90, Habe 90, Iser 91, FQS 91M/.

Bei der maschinenexternen Meßwertaufnahme werden die Qualitätsdaten mit Hilfe externer, der Maschine zugeordneter Meßmittel (Mehrstellenmeßgerät etc.) in der Zelle ermittelt. Die externen Meßmittel sind einer eigenen Meßmittelsteuerung untergeordnet. Die Meßwerte werden im angeschlossenen Meßrechner verarbeitet. Die ermittelten Werkzeugkorrekturwerte werden der Maschinensteuerung online übermittelt und umgesetzt /Kohl 85, Kluf 89, Jano 90, Pfei 89+90E+90Q/.

Die Ermittlung der Meßwerte von Werkstücken kann auch außerhalb der Fertigungszelle mit Hilfe von Meßzellen durchgeführt werden. Die Rückführung ermittelter Meßwerte in die Fertigungszelle zur Meßdateninterpretation kann nur durch die Bildung zellenübergreifender Qualitätsregelkreise realisiert werden. Die Interpretation der Meßergebnisse sowie die daraus resultierenden Korrekturen nimmt der Maschinenbediener manuell vor /Golz 90, Benz 90, Garb 91, Neum 91, Pax 91, Pfei 91P, Modr 92/.

In dem beschriebenen Qualitätsregelkreis der Steuerungsebene können nur Problemsituationen behandelt werden, deren Lösung vorab algorithmisch, d.h. vor Auftreten der Problemsituation beschrieben worden ist. Problemsituationen, die darüber hinaus gehen, können von diesen Qualitätsregelkreisen nicht behandelt werden. Dies liegt zum einen an den zum Einsatz kommenden Methoden, die eine Behandlung nicht beschriebener Problemsituationen nicht zulassen und zum anderen für die zur Behandlung dieser Problemsituationen erforderlichen Daten (Konstruktions- und NC-Programmdaten etc.). Diese Daten sind auf der Steuerungsebene jedoch nicht verfügbar.

2.3.4 Qualitätssichernde Maßnahmen

Qualitätsregelkreise werden durch die Rückwirkung von qualitätssichernden Maßnahmen auf den technischen Prozeß geschlossen. Der Handlungsbedarf für die Rückwirkung von qualitätssichernden Maßnahmen ergibt sich aus der Forderung, die Entstehung von Fehlern am Werkstück zu vermeiden. Handlungsmöglichkeiten, auf den technischen Prozeß regelnd einzuwirken, bestehen jedoch nur dann, wenn es möglich ist, die qualitätsbestimmenden Bearbeitungsparameter zu beeinflussen. Die Festlegung qualitätssichernder Maßnahmen ist also nur soweit sinnvoll, wie es möglich ist, diese Maßnahmen auch durchzusetzen. Die Ermittlung der Maßnahmen übernimmt im herkömmlichen Fall der Maschinenbediener. Dieser leitet aufgrund seines Wissens über die Zusammenhänge Korrekturmaßnahmen ein. Bei der Bildung von rechnergestützten Qualitätsregelkreisen wird der Anlagenführer aufgrund des Umfangs und der Komplexität der Zusammenhänge bei der Maßnahmenfindung unterstützt. Ein Forschungsansatz hierbei ist der Einsatz wissensbasierter Methoden. Die Maßnahmenfindung kann mit Hilfe von rechentechnisch abgebildetem Erfahrungswissen mit Hilfe des Rechners durchgeführt werden /Spec 89, Pfei 89V, Behr 91, Elle 92/. Nach einer Plausibilitätsprüfung gegebenenfalls durch den Anlagenführer können die Maßnahmen dann durch eine Online-Kopplung zu den Steuerungen direkt umgesetzt werden.

In Bild 2.6 sind beispielhaft technische und organisatorische Maßnahmen dargestellt. Technische Maßnahmen sind solche, die die Bearbeitungsparameter direkt beeinflussen. Es handelt sich hierbei um die Sperrung, Freigabe und Manipulation von Maschinenparametern, Werkzeugkorrekturen, Schnittwerten, Programmparametern etc. Organisatorische Maßnahmen sind solche, die indirekt die Qualität beeinflussen. Sie sorgen für die optimale Verwendung der notwendigen Betriebsmittel und Arbeitsunterlagen in der Fertigung. Hierunter fällt die Sperrung, Freigabe, Umplanung, Anforderung und Priorisierung von Betriebsmitteln, Werkstücken, Aufträgen, Arbeitsplänen und NC-Programmen.

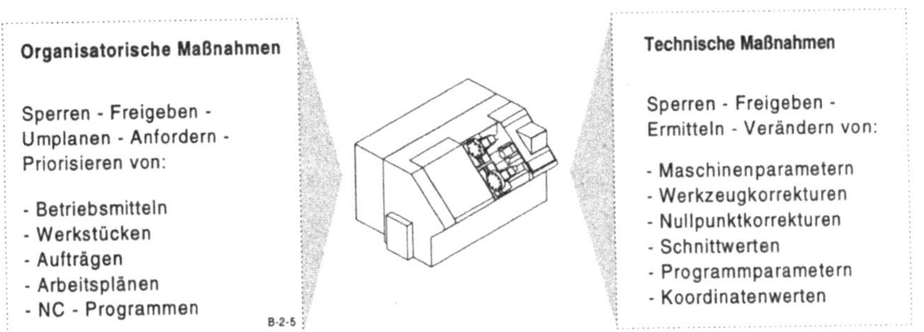

Bild 2.6: Technische und organisatorische qualitätssichernde Maßnahmen

Technische Maßnahmen werden eher auf der Zellenebene, organisatorische Maßnahmen eher auf der Leitebene der Fertigung umgesetzt. Ursache hierfür sind die auf den jeweiligen Ebenen zur Verfügung stehenden Daten sowie der verfügbare Handlungsspielraum.

2.4 Fehler und Fehlerbehandlung

2.4.1 Fehler und Fehlerbewertung

Ein Fehler tritt bei der Nichterfüllung einer Qualitätsforderung auf. Eine im Rahmen einer Qualitätsforderung vorgegebene Einzelforderung ist z.B. ein Toleranzbereich für eine geforderte Abmessung, der durch einen oberen und unteren Grenzwert charakterisiert ist. Liegt ein Merkmalswert außerhalb des Toleranzbereichs, handelt es sich um einen Fehler. Diese Betrachtungsweise geht davon aus, daß alle Merkmalswerte innerhalb der Toleranzgrenzen als "gleich gut" und alle Merkmalswerte außerhalb als "gleich schlecht" anzusehen sind. Zwischen "gut" und "schlecht" ist ein stufenförmiger Übergang. Die so entstehende stufenförmige Verlustfunktion bewirkt, daß Werkstücke innerhalb der Toleranz keine Verluste verursachen, da sie als uneingeschränkt "gut" eingestuft werden, und daß Werkstücke außerhalb der Toleranz konstant gleiche Verluste bewirken, da sie als uneingeschränkt "schlecht" eingestuft werden. Die Folge ist, daß zwei Werkstücke - das eine knapp innerhalb der Toleranz, d.h. "gut", das andere gerade eben außerhalb der Toleranz, d.h. "schlecht" - einen sehr unterschiedlichen Verlust bewirken.

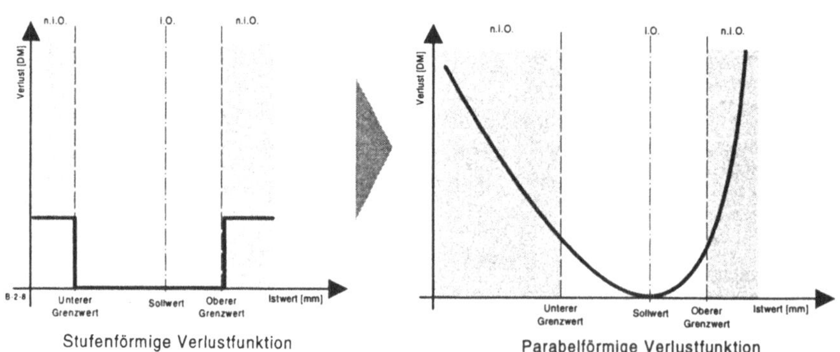

Bild 2.7: Stufenförmige und parabelförmige Verlustfunktion nach /Brun 89/

Diese Gut-Schlecht-Betrachtungsweise vereinfacht zwar das Fällen von Entscheidungen, stimmt jedoch nicht mit der Wirklichkeit überein. Bei Merkmalswerten von Werkstücken, die dicht zusammen, aber auf unterschiedlichen Seiten der Toleranzgrenze liegen, ist der Qualitätsunterschied auch nur sehr klein. Diese Betrachtungsweise kann anhand der parabelförmigen Verlustfunktion von Taguchi erläutert werden.

Nach Taguchi entsteht ein Verlust, sobald der Istwert vom Sollwert abweicht. Der Verlust steigt mit zunehmender Abweichung quadratisch an, d.h es ensteht eine parabelförmige Verlustfunktion (Bild 2.7). Merkmalswerte von Werkstücken, die nahe beieinander liegen, verursachen demnach ähnliche Verluste. Je stärker ein Merkmalswert vom Sollwert, der Zielgröße, abweicht, umso größer ist der Verlust, der hervorgerufen wird. Ziel der herkömmlichen Betrachtungsweise der Qualitätssicherung ist in erster Linie die Einhaltung der Toleranzgrenzen. Ziel der neueren Betrachtungsweise der Qualitätssicherung ist die Vermeidung von Verlusten, die aus Soll/Ist-Abweichungen resultieren. Das Ergebnis ist, daß die Sensibilität gegenüber auftretenden Fehlern, d.h. Soll/Ist-Abweichungen steigt /Brun 89, Jura 90, Krot 91, Tagu 89/.

2.4.2 Klassifizierung von Soll/Ist-Abweichungen

Die Verwendbarkeit eines Werkstücks ist durch eine Soll/Ist-Abweichung nicht notwendigerweise beeinträchtigt. Um die Verwendbarkeit eines Werkstücks bzw. die Tolerierbarkeit einer Soll/Ist-Abweichung bewerten zu können, muß die Definition des Fehlergrads in der Qualitätssicherung genauer betrachtet werden. Wichtig bei der Klärung der Frage, ob es sich bei einer Soll-/Ist-Abweichung um einen Fehler handelt oder nicht, ist, ob es sich bei der Abweichung um eine "signifikante", d.h. nicht mehr tolerierbare Abweichung handelt oder nicht /Brun 89, Krot 91, Tagu 89/.

Betrachtet man die Begriffe, die einen Fehler kennzeichnen, so stellt man die Mehrdeutigkeit der Begriffe fest. Störung, Fehler, Ausfall, Defekt, Nacharbeit oder Ausschuß sind gängige Bezeichnungen. Ein Kriterium, um diese Begriffe zu unterscheiden, ist der Fehlergrad, also die Auswirkung, die eine Nichterfüllung der Funktion eines technischen Systems oder der Qualitätsforderung an ein Werkstück nach sich zieht. Der Fehlergrad ist gleichzeitig das wichtigste Kriterium zur Priorisierung der Fehlerbehandlung und der notwendigen Reaktion. /Voss 88/ schlägt eine Klassifikation von Defekten nach deren Intensität vor (Bild 2.8). Analog zu dieser Definition des Fehlergrades bezüglich technischer Systeme und Prozesse wird eine Definition des Fehlergrades für Werkstücke vorgeschlagen. Die leichteste Form der Nichterfüllung einer Funktion oder Qualitätsforderung wird dabei als Störung bezeichnet. Erst durch die Zunahme der Intensität erfolgt eine Unterscheidung zwischen Fehler, Ausfall und Schaden, bzw. zwischen Fehler, Nacharbeit und Ausschuß. Als Oberbegriff für die möglichen Ausprägungen einer Nichterfüllung steht dabei der Defekt.

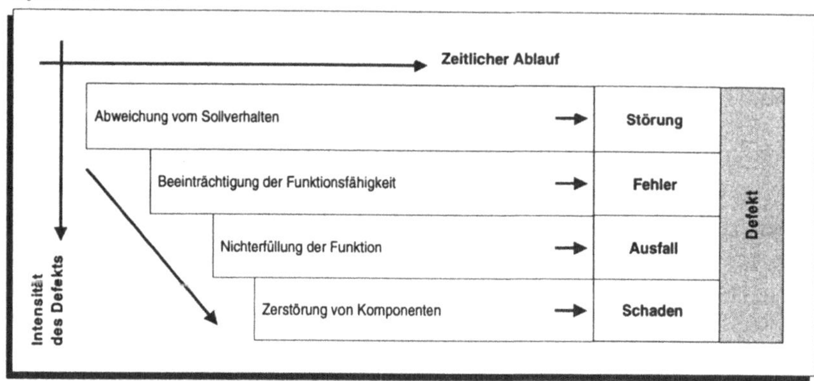

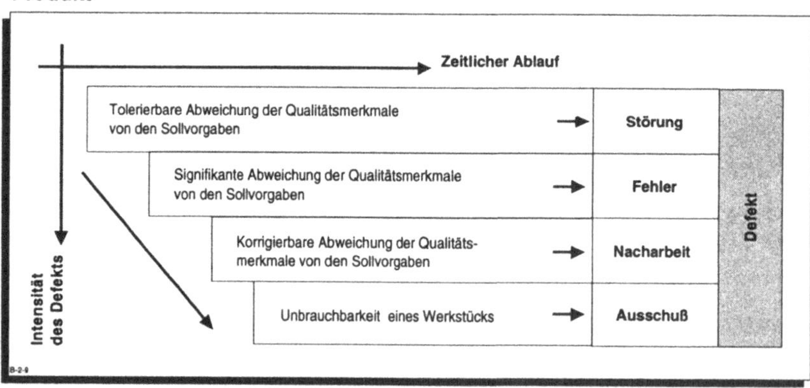

Bild 2.8: Fehlergrad nach /Voss 88, Schö 92/

Neben der Klassifikation der Defekte mit Hilfe des Fehlergrades besitzt die zeitbezogene Unterscheidung der Begriffe eine entscheidende Bedeutung. Diese Klassifikation, die in /Spec 88/ als Kausalitätskette bezeichnet wird, zeigt Bild 2.9.

Die verbale Bezeichnung eines Fehlers ist vom Beobachtungszeitpunkt des Beobachters abhängig. Der Fehler, der zum Zeitpunkt der Beobachtung festgestellt wird, besitzt eine in der Vergangenheit liegende Ursache und führt in der Zukunft zu einer Auswirkung. Entscheidend für die Fehlerbehandlung ist, an welcher Stelle in der Kette ein Fehler erkannt werden kann und inwieweit bei der Ursachenfindung die Kette zurückverfolgt werden muß.

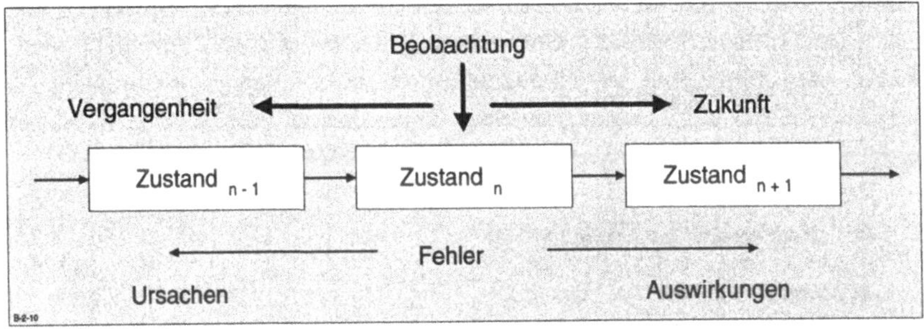

Bild 2.9: Fehlerkausalitäten in der Prozeßkette nach /Spec 88/

Beispielsweise sind Produktfehler in der mechanischen Teilefertigung durch signifikante Abweichungen - Fehler - der Qualitätsmerkmale Maß, Lage, Form, Oberfläche und Werkstoff des betrachteten Werkstücks charakterisiert (Bild 2.10). Werkstückmerkmale können - das Qualitätsmerkmal Werkstoff ausgenommen - nicht Ursache für Produktfehler sein. Entsprechen die Werkstoffeigenschaften eines Werkstücks nicht den Vorgaben, so kann dies die Ursache für einen Produktfehler sein. Abweichungen der Qualitätsmerkmale Maß, Form, Lage und Oberfläche sind hingegen Auswirkungen anderer Fehlerursachen. Die Ursachen für Produktfehler liegen bei Fehlern in der Umwelt, im System und im Prozeß. Sollen die Ursachen von

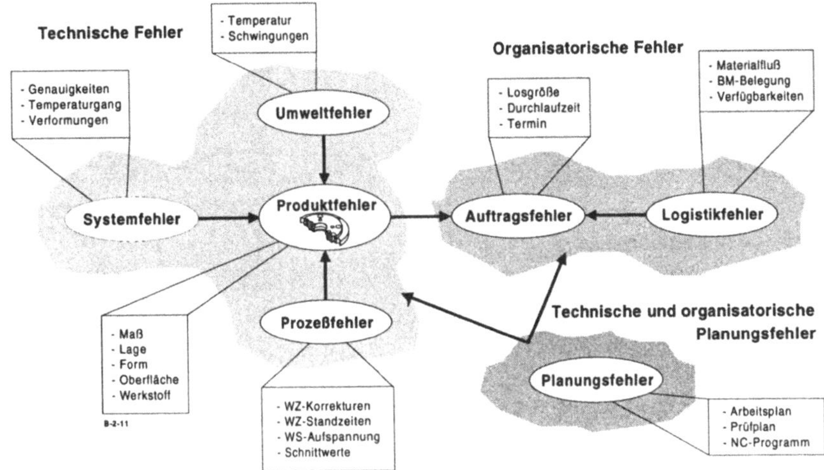

Bild 2.10: Produktfehler und ihre Ursachen nach /Kahl 93/

Produktfehlern festgestellt werden, so müssen die Einflußbereiche Umwelt, System und Prozeß untersucht werden. Ein weiterer Einflußbereich für Umwelt-, System-, Prozeß- und damit auch für Produktfehler ist das Fertigungsvorfeld. Fehler in Arbeitsunterlagen des Fertigungsvorfeldes führen nahezu zwangsläufig zu Auswirkungen - Fehlern - im Fertigungsbereich /Milb 87+93K, Kahl 93/.

2.4.3 Fehlerbehandlungskette

Die Vorgehensweise für die Erkennung, die Lokalisierung und die Behebung von Fehlern wird im allgemeinen als Fehlerbehandlung bezeichnet /Schö 92/. Fehlererkennung erfolgt entweder aktiv durch Überwachung oder passiv durch die Fehlermeldung eines anderen, meist untergeordneten Systems. Innerhalb der Fehlerlokalisierung wird, ausgehend von Fehlermeldungen und Fehlersymptomen oder von Fehlererkennungsergebnissen aufgrund genauerer Beobachtungen und Untersuchungen, auf den Ort, die Art und die Ursachen von Fehlern geschlossen. Zur anschließenden Fehlerbehebung gehört die Beseitigung der Fehlerursache und eventueller Auswirkungen durch die Generierung und Durchsetzung von Maßnahmen zur Behebung der Fehlerursachen. Diese allgemeine Fehlerbehandlungskette ist auf die Qualitätssicherung im Fertigungsbereich übertragbar (Bild 2.11). Im folgenden wird die Behandlung von Produktfehlern in der flexiblen Fertigung als Qualitätssicherung bezeichnet.

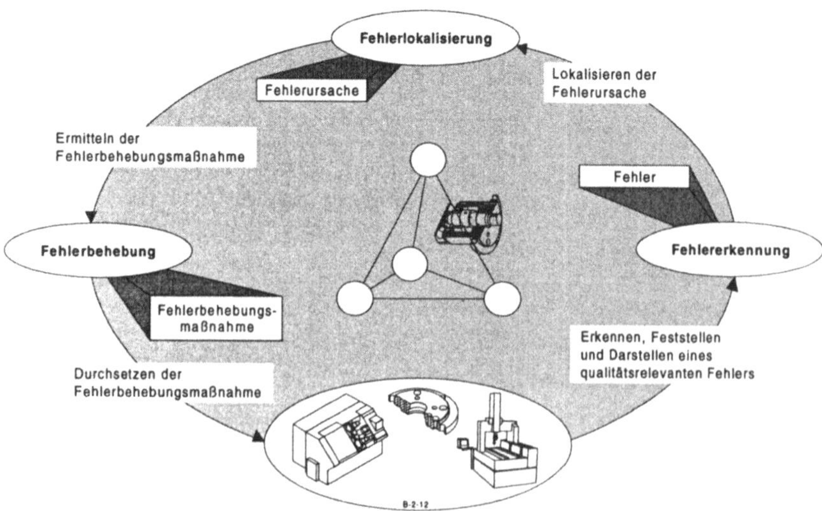

Bild 2.11: Fehlerbehandlungskette nach /Kahl 93/

2.4.4 Verfahren zur Fehlerbehandlung

Zur Fehlerbehandlung werden in der Fachliteratur verschiedene Verfahren vorgeschlagen. Die übliche Klassifikation elementarer Fehlerbehandlungsverfahren orientiert sich an /Pupp 88/, der zwischen statistischen (bzw. fallvergleichenden), heuristischen (assoziativen) und modellbasierten Verfahren unterscheidet und deren Hauptmerkmale beschreibt. /Schö 92/ unterteilt, angelehnt an diese Klassifizierung, die Verfahren zur Fehlerbehandlung in funktionale und wissensbasierte Verfahren (Bild 2.12). Die funktionalen Verfahren lassen sich in numerische und statistische Verfahren, die wissensbasierten Verfahren in assoziative und modellbasierte Verfahren weiter untergliedern. Im folgenden sollen diese Verfahren im Hinblick auf ihren Einsatz in der Qualitätssicherung untersucht und bewertet werden.

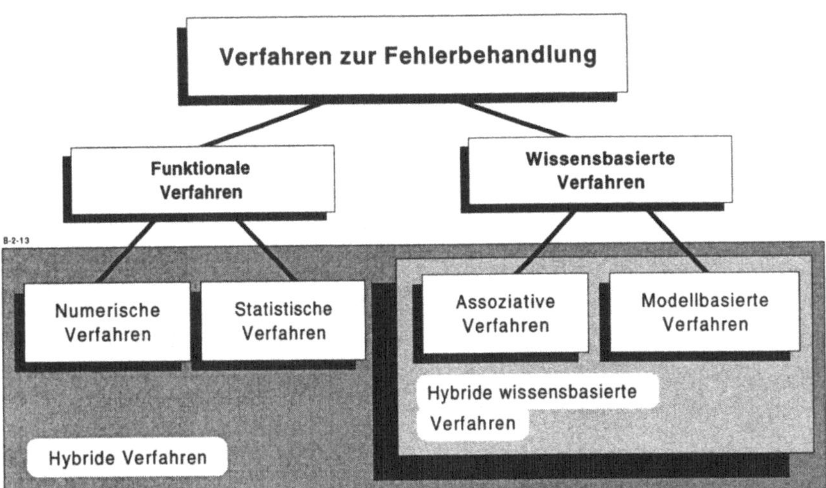

Bild 2.12: Verfahren zur Fehlerbehandlung nach /Schö 92/

Numerische Verfahren: Die numerischen Verfahren, auch Verfahren zur Signalanalyse genannt, finden in der Qualitätssicherung ihre Anwendung z.B. bei der Überwachung des Zerspanprozesses. Den Signalanalyseverfahren liegen numerische Beschreibungen (mathematische oder funktionale Modelle) zu Grunde. Mit Hilfe der Analyse von Körperschallsignalen wird beispielsweise der Schleifprozeß auf Schleifmaschinen überwacht und die Schleifscheibe aufgrund von Signalauswertungen abgerichtet. Ein weiteres Beispiel ist die Überwachung und Analyse von Schnittkräften, die durch Kraftaufnehmer in der Hauptspindel einer Werkzeugmaschine aufgenommen werden. Numerische Verfahren spielen also bei der Analyse und Auswertung von Parametern, die die Produktqualität beeinflussen, eine wichtige Rolle. Mit Hilfe numerischer Verfahren ist es möglich, den technischen Prozeß zu überwachen und so Prozeßfehler frühzeitig zu erkennen. Aus Prozeßfehlern resultierende Produktfehler können somit minimiert werden. Numerische Verfahren sind auf der Steuerungs- und Maschinenebene anzusiedeln. Für die Fehlerbehandlung auf übergeordneten Ebenen des Fertigungsbereichs können sie wichtige Informationen liefern /Iser 91/.

Statistische Verfahren: Statistische Verfahren zur Fehlerbehandlung gehen von Merkmalen aus, die auf einen Zusammenhang zwischen Ursache und Wirkung schließen lassen. Der Vorteil der statistischen Verfahren wird in der Objektivierbarkeit der Ergebnisse gesehen, sofern die vorhandenen Daten eine statistische Behandlung zulassen. Sie finden im Bereich der Qualitätssicherung bei der statistischen Prozeßregelung (SPC) ein weites Anwendungsfeld. Bei dieser Form der prozeßnahen Qualitätssicherung wird der technische Prozess mit Hilfe statistischer Verfahren (z.B. Qualitätsregelkartentechnik) überwacht. Treten Abweichungen (Trendverlauf etc.) im Prozeßverlauf auf, wird der Prozeß nachgeregelt. Die Zuordnung zwischen Merkmalswerten und Fehlerbehebungsmaßnahmen ist bei einer automatisierten Regelung fest gekoppelt und muß bei Änderungen (z.B. Werkstückspektrum) neu angepaßt werden. Bei einer manuellen statistischen Prozeßregelung bleibt die Entscheidung über die Umsetzung von Fehlerbehebungsmaßnahmen dem Maschinenbediener überlassen. Die graphische Aufbereitung der Merkmalswerte unterstützt ihn bei diesem Vorgehen erheblich. Nachteil dieser Methode ist jedoch die Notwendigkeit eines statistisch bearbeitbaren Datenbestandes /Baue 86, Star 91/.

Wissensbasierte assoziative, modellbasierte und hybride Verfahren finden bislang in der Qualitätssicherung kaum Verwendung. Grund hierfür ist, daß prozeßnahe Methoden zur Qualitätssicherung bislang nur bei großen Losgrößen angewandt werden, da hier geeignete Modelle und Vorgehensweisen verfügbar sind. Bei der Betrachtung qualitätssichernder Aufgaben bei kleinen Losgrößen, wie sie beim Einsatz flexibler Fertigungszellen auftreten, können die bislang intensiv genutzten Verfahren nicht eingesetzt werden. Ein anderer Ansatz der Qualitätssicherung, ähnlich der der Diagnose technischer Systeme, ist bei diesen Problemstellungen zu verfolgen. In der Diagnose technischer Systeme werden zur Fehlerbehandlung wissensbasierte Verfahren eingesetzt /Behr 91, Bull 89, Elle 92, Kira 89, Miln 87, Pfei 88H+89V, Held 88, Prit 89, Pupp 88, Harm 87+89, Härd 91, Schö 92, Töns 92, Voss 88, Warn 86/.

Assoziative Verfahren: Die assoziativen (heuristischen) Verfahren benutzen Erfahrungswissen in Form einer direkten Kopplung zwischen Symptom und Fehler, ohne tiefere kausale Zusammenhänge zu berücksichtigen. Das heuristische Wissen bzw. die heuristische Verbindung zwischen Ursachen und Wirkung dient dazu, komplexe oder analytisch nicht darstellbare Zusammenhänge zu substituieren oder zu ergänzen. Grundlage dieser assoziativen Verfahren sind somit explizite Erfahrungsregeln, die entsprechend dem vorhandenen menschlichen Expertenwissen in kompilierter Form der Fehlerlokalisierung zur Verfügung gestellt werden. Die Stärken assoziativer Verfahren sind die breite Einsetzbarkeit und die hohe Effizienz, die schnelle Ergebnisse liefert. Die Schwächen assoziativer Verfahren sind vor allem die mangelnde Objektivierbarkeit und die schlechte Strukturierbarkeit der Wissensbasen, die bei umfangreichen Problemen die Effizienz wiederum stark verringert. Vertreter der assoziativen Verfahren sind die Fehlerzuordnungs-, Fehlermustervergleichs- und Fehlerbaumverfahren /Rait 90, Schö 92/.

Modellbasierte Verfahren: Den modellbasierten (kausalen) Verfahren liegt eine analytische Betrachtung der jeweiligen Problemstellung zurgrunde. Es wird dabei versucht, das betrachtete Problem in Struktur, Funktion und Verhalten im Rahmen eines Modells abzubilden. Dieses hierarchisch gegliederte Modell besitzt als oberste Ebene die Ursache und enthält in der untersten Ebene alle möglichen Wirkungen, die daraus entstehen können. Durch einen Vergleich des Rechnermodells mit der realen Welt wird somit ein kausaler Zusammenhang zwischen Ursache und Wirkung hergestellt /Zade 85, Schö 92/.

Hybride Verfahren: Hybride Verfahren stellen eine Kombination der oben beschriebenen Verfahren dar. Es wird versucht, die Vor- und Nachteile einzelner Verfahren durch geeignete Kombinationen auszugleichen. Es kann somit eine optimale Anpassung des Verfahrens an die vorgegebene Problemstellung erreicht werden. Die meisten der heute realisierten wissensbasierten Systeme bedienen sich hybrider Verfahren /Schö 92/.

2.5 Zusammenfassung

In den vorangegangenen Abschnitten wird die Situation der Qualitätssicherung in der flexiblen Fertigung aufgezeigt. Die Forderung des Marktes nach Produkten höchster Qualität stellt an die flexible Fertigung höchste Anforderungen. Geeignete Methoden der Qualitätssicherung müssen zum Einsatz kommen um dieser Forderung gerecht zu werden. Für verschiedene Fertigungsprinzipien konnten in der Vergangenheit praxisrelevante Methoden zur Qualitätssicherung gefunden werden. Für die flexible Fertigung können diese Verfahren nicht gewinnbringend angewandt werden.

Bei näherer Betrachtung der Qualitätssicherungsmethoden zeigt sich, daß der Übergang von der Steuerung zur Regelung der Fertigungsprozesse hinsichtlich des Aspekts der Qualität der erzeugten Werkstücke derzeit vollzogen wird. Früher flossen die Ergebnisse der Bearbeitung gar nicht oder erst sehr spät in den Fertigungssprozeß zurück. In Zukunft werden bei der Ermittlung der Stellgrößen des Fertigungsprozesses die Arbeitsergebnisse mit herangezogen. Grund für den Übergang von der Steuerung zur Regelung ist, daß die Steuerung der Fertigungsprozesse den Anforderungen nach qualitativ hochwertigen Produkten nicht gerecht wird, da eine Fertigung mit festgelegten starren Stellgrößen nicht fehlerfrei arbeiten kann. Fertigungsprozesse unterliegen laufend Störungen. Negative Einflüsse auf das Bearbeitungsergebnis müssen daher durch geeignete Methoden möglichst verhindert oder zumindest minimiert werden.

Innerhalb dieser Arbeit soll ein Weg aufgezeigt werden, wie durch eine Integration der Qualitätssicherung in flexiblen Fertigungszellen die Vermeidung von Fehlern und die Behebung von Fehlerursachen, die zu Qualitätsverlusten führen, sichergestellt werden kann.

3 Anforderungen zur Integration der Qualitätssicherung in flexible Fertigungszellen

3.1 Einführung

Qualitätssicherung muß für die Integration in flexiblen Fertigungszellen verschiedenen Anforderungen gerecht werden. Damit in den Zellen automatisierte Qualitätsregelkreise geschlossen werden können, müssen bei Werkzeugmaschinen, Meßtechnik und Sensorik definierte Anforderungen erfüllt sein.

3.2 Anforderungen an die Qualitätssicherung

Die Forderung, die Aufgaben der Qualitätssicherung in flexibel automatisierte Fertigungszellen zu integrieren, zieht Anforderungen an die Qualitätssicherung nach sich (Bild 3.1) /Bong 87, Ever 88, Krin 89, Pfei 89Bo, Milb 93K/. Es handelt sich dabei um

- die Ganzheitlichkeit,
- die Datenintegration und -transparenz,
- die Automatisierbarkeit,
- die Integration,
- die Bedienerfreundlichkeit und
- der geringe Einsatzaufwand.

Ganzheitlichkeit: Fehler an Werkstücken können unterschiedlichste Ursachen haben. So können die Ursachen für die Fehler am Werkstück selbst, am Prozeß, am System oder an der Umwelt liegen. Die komplexen Zusammenhänge der Fehlerentstehung an Werkstücken erfordern einen umfassenden und einheitlichen Ansatz, der die gesamte Fehlerkausalitätskette abbilden muß. Die Umwelt, das System, der Prozeß und das Produkt sind als Betrachtungsobjekte der Qualitätssicherung in einheitlicher Weise darzustellen. Die gesamte Wirkungskette der Fehlerbehandlung von der Fehlererkennung über die Fehlerlokalisierung bis zur Fehlerbehebung muß berücksichtigt werden. Die Fehlerkausalitätskette auftretender oder möglicher Fehler muß bis zu den ursprünglichen Fehlerursachen zurückverfolgt werden können. Dies bedeutet, daß alle Einflußbereiche auf die Qualität von Werkstücken durch die zum Einsatz kommenden Methoden der Qualitätssicherung abgebildet werden müssen.

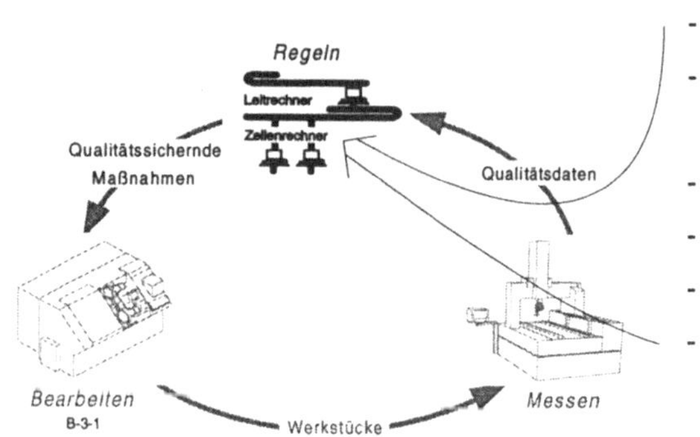

- Ganzheitlichkeit
- Datenintegration und -transparenz
- Automatisierbarkeit
- Integrierbarkeit
- Bedienerfreundlichkeit
- Geringer Einsatzaufwand

Bild 3.1: Anforderungen an die Qualitätssicherung

Datenintegration und -transparenz: Grundlage für die ganzheitliche Qualitätssicherung in flexiblen Fertigungszellen bilden die Qualitätsdaten und das Fehlerwissen. Daher muß ein umfassendes Datenmodell für Qualitätsdaten und Fehlerwissen als integrierendes Element aufgebaut werden. Dieses Datenmodell muß zu jeder Zeit alle erforderlichen Informationen zur Verfügung stellen. Voraussetzung für eine Datenintegration ist eine einheitliche und strukturierte Datenaufnahme, -verarbeitung und -bereitstellung. Alle an der Qualitätssicherung beteiligten Aufgabenträger müssen auf alle benötigten Qualitäts- und Fehlerdaten zugreifen können, da nur so die Richtigkeit der getroffenen Entscheidungen gewährleistet werden kann. Der Anlagenbediener muß zu jeder Zeit Informationen über den Arbeitsstand der Fertigungszelle haben. Die Qualitäts- und Fehlerdaten aller bearbeiteten Werkstücke müssen für die Qualitätssicherung in transparenter Form verfügbar sein.

Automatisierbarkeit: Bisher stellte die Qualitätssicherung in flexiblen Fertigungszellen an den Anlagenbediener ernorme Anforderungen hinsichtlich der zu verarbeitenden Qualitätsdaten und des zu berücksichtigenden Fehlerwissens. Eine weitgehende Integration und Automatisierung der Qualitätssicherung unterstützt den Anlagenbediener daher und stellt ihm Qualitätsdaten und Fehlerwissen aufbereitet in einem Umfang zur Verfügung, der manuell und ohne Aufbereitung nicht mehr zu erfassen oder zu verarbeiten ist. Die Automatisierung der Qualitätssicherung setzt jedoch die durchgängige und umfassende Verfügbarkeit einer Vielzahl unterschiedlicher Betriebs-, Qualitäts- und Fehlerdaten voraus. Wegen des hierfür notwendigen hohen Aufwandesist eine vollständig automatisierte Qualitätssicherung nicht in allen Fällen realisierbar. Der Anlagenbediener wird jedoch wesentlich entlastet, wenn ihm für die nicht zu automatisierenden Fälle geeignete Mechanismen der Bedienerführung und der Bedienerinteraktion zur Verfügung gestellt werden.

Integration: Die ganzheitliche und automatisierte Qualitätssicherung in flexiblen Fertigungszellen setzt die Integration der Qualitätssicherung in das Systemumfeld voraus. Hierzu können bestehende Daten- und Informationsflußstrukturen genutzt werden, die um problemspezifische Details erweitert werden müssen. Qualitätsdaten müssen automatisch zu jeder Zeit während des Betriebs erfaßt, qualitätssichernde Maßnahmen in der Fertigungszelle durchgesetzt werden können.

Bedienerfreundlichkeit: Da die Qualitätssicherung in flexiblen Fertigungszellen nicht in jedem Fall automatisiert werden kann, ist eine bedienerfreundliche Mensch-Maschine-Schnittstelle für den Anlagenführer für manuelle Eingriffe zur Fehlerbehandlung vorzusehen. Dem Anlagenführer müssen alle für seine Entscheidungen erforderlichen Qualitätsdaten in ergonomisch sinnvoller Form bereitgestellt werden. Die Entscheidungen, die innerhalb der Fehlerbehandlung automatisch oder manuell getroffen werden, müssen in transparenter, aussagekräftiger Form nachvollziehbar auf der Bedieneroberfläche dargestellt werden.

Geringer Einsatzaufwand: Der Einsatz von rechnergestützten Methoden zur Qualitätssicherung ist, wegen des erforderlichen Wissens mit einem relativ hohen Aufwand verbunden. Dieser Aufwand ergibt sich u.a. aus den Experteninterviews, aus der Strukturierung des Qualitäts- und Fehlerwissens sowie aus der Anpassung an die interne Form der Wissensdarstellung. Methoden des automatisierten Wissenserwerbs sind daher derzeit nur eingeschränkt anwendbar. Denn ein Großteil des Fehlerwissens kann nur aus einer genauen und aufwendigen Analyse der Fehlerkausalitäten der Produktfehler, ihrer Ursachen und des zugehörigen Erfahrungswissens gewonnen werden. Eine Vielzahl qualitätsrelevanter Daten ist jedoch in anderen Bereichen der Produktion bereits in expliziter Form vorhanden. Es sind unterschiedlichste Daten, wie z.B. Konstruktions-, Auftrags-, Arbeits- und Prüfplan- sowie Fehlerdaten. Sie vereinfachen ganz erheblich den Aufbau einer Wissensbasis für die Qualitätssicherung. Der Aufwand steht auch in engem Zusammenhang mit der Ganzheitlichkeit der Qualitätssicherung, also der leichten Übertragbarkeit auf unterschiedliche Problemstellungen. Erst die Möglichkeit, bereits vorhandenes Qualitätssicherungswissen auf neue Anwendungsfälle zu übertragen, hält den Aufwand in vertretbarem Rahmen.

3.3 Anforderungen an Werkzeugmaschinen

Der Handlungsspielraum für die Bildung von Qualitätsregelkreisen in der automatisierten Fertigung ist durch die Möglichkeiten bestimmt, qualitätssichernde Maßnahmen in Werkzeugmaschinen umzusetzen /Hert 91, Spur 91R, Weck 86, Weul 88/.

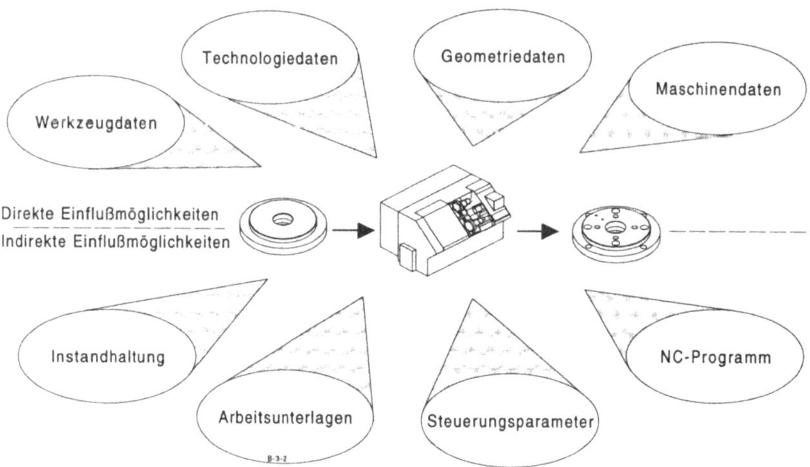

Bild 3.2: Einflußmöglichkeiten zur Durchsetzung qualitätssichernder Maßnahmen in Werkzeugmaschinen

In Bild 3.2 sind die Anforderungen an den technischen Prozeß in Werkzeugmaschinen dargestellt. Es gibt indirekte und direkte Einflußmöglichkeiten. Indirekte Einflußnahmen gehen von den indirekten Produktionsbereichen aus. Sie wirken über die Sollvorgaben, die in diesen Bereichen festgelegt werden. Direkte Einflußnahmen wirken direkt auf den technischen Prozeß ein. Sie werden von außen prozeßnah von den steuernden Systemen des Fertigungsbereichs ermittelt und in den Werkzeugmaschinen durchgesetzt.

Werkzeugmaschinen, die in Qualitätsregelkreise im Fertigungsbereich eingebunden werden sollen, müssen den Anforderungen,

- Qualitätsgerechtes Abbild,
- Integrierbarkeit und
- automatisierter Betrieb

gerecht werden (Bild 3.3).

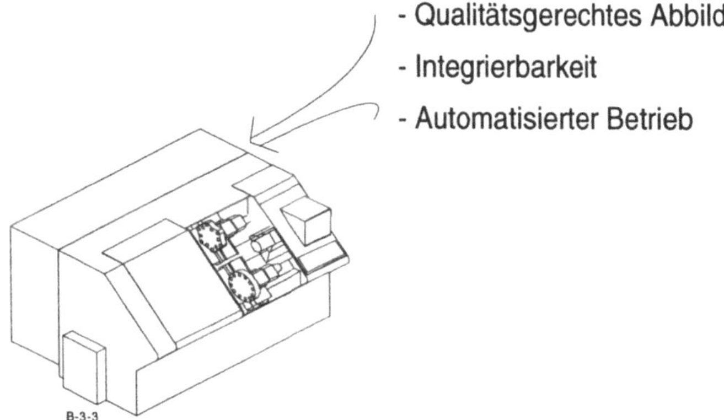

Bild 3.3: Anforderungen an Werkzeugmaschinen

Qualitätsgerechtes Abbild: Wichtig bei der Behebung von Fehlern, die die Qualität von Werkstücken beeinflussen, ist die Kenntnis des datentechnischen Umfeldes dieses Fehlers. Im Falle eines Fehlers müssen von außen alle Informationen bzgl. dieses Fehlers von der Werkzeugmaschine zur Verfügung gestellt werden. Es handelt es sich um Alarme, Betriebs- und Fehlermeldungen sowie um Meß- und Sensordaten. Für die Fehlerbehandlung ist eine einheitliche Darstellung bzw. ein einheitliches Modell der eingebundenen Werkzeugmaschinen besonders wichtig. Unterschiedliche Werkzeugmaschinen sind unterschiedlich aufgebaut, haben unterschiedliche Steuerungen und unterschiedliche Funktionalitäten. Für die Fehlerbehandlung ist eine Unterscheidung nach den daten- und funktionstechnischen Unterschieden sehr aufwendig. Um den Aufwand zu reduzieren, müssen die eingebundenen Werkzeugmaschinen nach aussen hin einem einheitlichen Standard genügen und einen offenen Zugriff auf ihre Datenbereiche erlauben. Es ist daher eine einheitliche Darstellung des Systems Werkzeugmaschine, im speziellen der qualitätsrelevanten Daten und der verwendbaren Funktionen notwendig. Über ein qualitätsgerechtes Abbild stellt die Werkzeugmaschine Daten und Funktionen zur Verfügung.

Integrierbarkeit: Die Werkzeugmaschinen in flexiblen Fertigungszellen müssen daten- und informationsflußtechnisch in die Systemumgebung integriert werden. Diese Integration ist Voraussetzung für die automatisierte Fehlerbehandlung. Die Integration der Werkzeugmaschinen in ein rechnergeführtes System stellt Anforderungen an die zu integrierenden Steuerungen der Werkzeugmaschinen. Sie betreffen den von außen zugreifbaren Funktionsumfang der Schnittstelle der Werkzeugmaschine. Es handelt sich z.B. um Funktionen der Programmkontrolle und -übertragung sowie der Parameterübertragung; um Funktionen für den Zugriff auf Zustands-, Alarm- und Diagnosemeldungen; um Funktionen der Betriebs- und Maschinendatenübertragung sowie der Prüfdatenübertragung von maschineninternen Meßmitteln. In diesem Zusammenhang müssen Schreib-/Lesefunktionen für die qualitätsbestimmenden Parameter in der Werkzeugmaschine angeboten werden.

Automatisierter Betrieb: Die Fehlerbehandlung soll automatisiert durchführbar sein, da in einem rechnergeführten Betrieb manuelle Eingriffe möglichst vermieden werden müssen. Daraus ergeben sich weitere Anforderungen an die Werkzeugmaschinen. So müssen die Werkzeugmaschinen einen von außen gesteuerten automatisierten Betrieb zulassen. Überwachungssysteme, wie die Meßmittel zur Werkstück- und Prozeßüberwachung, müssen in die Werkzeugmaschinen integrierbar sein, da ohne die genaue Kenntnis des Zustands der Werkzeugmaschinen eine Fehlerbehandlung unmöglich ist.

3.4 Anforderungen an Meßtechnik und Sensorik

Meßtechnik und Sensorik zur Erfassung qualitätsrelevanter Daten des technischen Prozesses müssen die Durchführung von Qualitätsprüfungen ermöglichen. Aufgabe der Qualitätsprüfungen ist es, die Qualitätsmerkmale aller am technischen Prozeß beteiligten Komponenten, Umwelt - System - Prozeß - Produkt, jederzeit zu ermitteln und für die Fehlerbehandlung bereitzustellen /FQS 91Q, Komi 89, Masi 88, Neum 91, Pfei 89/.

Meß- und Überwachungssysteme erlangen in automatisierten Fertigungszellen immer größere Bedeutung, da manuelle Prüfungen in automatisierten Systemen nicht mehr vorgesehen sind. Mit Hilfe der Meßtechnik und der Sensoren sollen Fehler im Prozeß möglichst frühzeitig erkannt werden. Die zielgerichtete Ermittlung von Prüf- und Qualitätsdaten ist für die Beurteilung der technischen Prozesse Voraussetzung. Aus der Notwendigkeit, Qualitätsdaten zielgerichtet zu ermitteln, ergeben sich verschiedene Anforderungen an die Meßmittel und Sensoren, die in flexiblen Fertigungszellen eingesetzt werden sollen (Bild 3.4).

Bei den Anforderungen handelt sich hierbei um

- die Fertigungsnähe,
- die Integrierbarkeit,
- die Genauigkeit,
- die Flexibilität,

- die Schnelligkeit und
- die Verfügbarkeit.

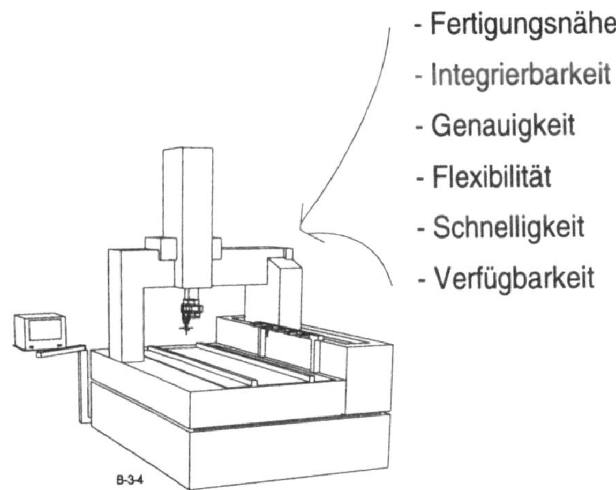

Bild 3.4: Anforderungen an Meßtechnik und Sensorik

Fertigungsnähe: Meßmittel und Sensoren müssen fertigungsnah installiert werden, damit die Totzeiten, die sich beispielsweise zwischen der Bearbeitung eines Werkstücks und der sich aus dessen Messung ergebenden Rückwirkungen auf den technischen Prozeß ergeben, möglichst gering gehalten werden können.

Integrierbarkeit: Meßmittel und Sensoren müssen in den Material- und Informationsfluß des Fertigungssystems integriert werden können. Materialflußtechnische Integration bedeutet, daß die Meßmittel keine Engpaßstellen der Fertigung sein dürfen. Sie müssen also genau wie andere Komponenten in der Fertigung in ihrer Kapazitätsauslastung geplant werden und müssen den gleichen Automatisierungsgrad wie die anderen Komponenten aufweisen. Informationsflußtechnische Integration bedeutet, daß die Steuerung der Meßmittel automatisch erfolgen soll. Dies erfordert eine Integration des Meßmittels in die Steuerungsstruktur der Fertigung. Wichtig ist außerdem die Zugreifbarkeit auf die Ergebnisse des Meßmittels.

Genauigkeit: Meßmittel und Sensoren müssen genauer als die Bearbeitungsgenauigkeit der Werkzeugmaschine messen. Sie müssen auch unter rauhen Umgebungsbedingungen ihre spezifizierte Genauigkeit einhalten.

Flexibilität: Meßmittel und Sensoren müssen flexibel auf Änderungen oder Erweiterungen der Meßaufgaben reagieren und sich universell dem gesamten Spektrum der Meßaufgaben anpassen können.

Schnelligkeit: Sie müssen schnell genug sein, um einen hohen Durchsatz an Meßaufträgen pro Zeiteinheit zu gewährleisten.

Verfügbarkeit: Wie bei allen anderen Komponenten der Fertigung ist eine hohe Zuverlässigkeit und Verfügbarkeit der Meßmittel und Sensoren sehr wichtig.

Die Forderung, in welcher Form Meßtechnik und Sensorik in Werkzeugmaschinen zur werkstück-, werkzeug- bzw. zur prozeßorientierten Ermittlung von Qualitätsdaten eingesetzt werden sollen, läßt sich nur sinnvoll im Rahmen eines ganzheitlichen Konzeptes zur Integration der Qualitätssicherung in die Fertigung aufstellen.

3.5 Zusammenfassung

Die Integration der Qualitätssicherung in flexible Fertigungszellen ist ein möglicher Lösungsweg bei der Umsetzung des Ziels, Werkstücke mit hohem Qualitätsniveau herzustellen. Die Umsetzung dieses Ziels zieht Anforderungen an die integrierte Qualitätssicherung selbst, an die Werkzeugmaschinen und an die zu Einsatz kommende Meßtechnik und Sensorik nach sich. Nur wenn diese Anforderungen von dem Lösungskonzept erfüllt bzw. berücksichtigt werden, wird eine Verbesserung des Qualitätsniveaus in der flexiblen Fertigung zu erzielen sein.

4 Konzept der integrierten Qualitätssicherung in flexiblen Fertigungszellen

4.1 Einführung

Im vierten Kapitel wird das Konzept der integrierten Qualitätssicherung in flexiblen Fertigungszellen vorgestellt. Der Kerngedanke ist die Bildung von Qualitätsregelkreisen in der flexiblen Fertigung. Hierzu müssen die zu berücksichtigenden Objekte und Aufgaben der Qualitätssicherung näher untersucht werden. Das Ziel einer ganzheitlichen Qualitätssicherung in der flexiblen Fertigung läßt sich nur durch ein wirkungsvolles Zusammenspiel der Aufgaben und Objekte der Qualitätssicherung erreichen.

Das Qualitätsdatenmodell stellt das integrative Element der Qualitätssicherung in der flexiblen Fertigung als Grundlage der Regelkreisbildung dar, da es die Verfügbarkeit aller qualitätsrelevanten Daten sicherstellt. Ein produktzentriertes Qualitätsdatenmodell wird vorgestellt, mit dessen Hilfe strukturierte Qualitätsdaten abgebildet werden können.

Voraussetzung dafür, daß die komplexe Aufgabe einer integrierten Qualitätssicherung bewältigt werden kann, ist: das Vorliegen einer geeigneten Strukturierung der Qualitätssicherungsaufgabe mit der Aufgabenverteilung und der Auslösung einzelner qualitätssichernder Teilaufgaben durch die Fertigungsleittechnik. Der Kern der ganzheitlichen Qualitätssicherung ist die Behandlung von Fehlern, die zu Qualitätsverlusten führen. Die Aufgaben der Fehlerbehandlung, deren Integration in das Wirkungsgefüge, das notwendige Fehlerwissen und die Mechanismen zur Fehlererkennung, -lokalisierung und -behebung stehen im Vordergrund des Interesses.

4.2 Grundkonzept der integrierten Qualitätssicherung in flexiblen Fertigungszellen

4.2.1 Qualitätsregelkreise in flexiblen Fertigungszellen

Der wichtigste Ansatz zur Umsetzung qualitätsrelevanter Maßnahmen in flexiblen Fertigungszellen liegt im Aufbau von Qualitätsregelkreisen. Ein hohes Qualitätsniveau der in der Fertigung bearbeiteten Werkstücke kann nur durch eine enge Kopplung zwischen den Bearbeitungs- und Meßfunktionen über eine Regeleinrichtung erreicht werden. In der Regeleinrichtung werden auf der Basis der Meßergebnisse und der Überwachung des technischen Prozesses qualitätssichernde Maßnahmen ermittelt und durchgesetzt. In Bild 4.1 ist das Konzept der Bildung von Qualitätsregelkreisen in flexiblen Fertigungszellen dargestellt.

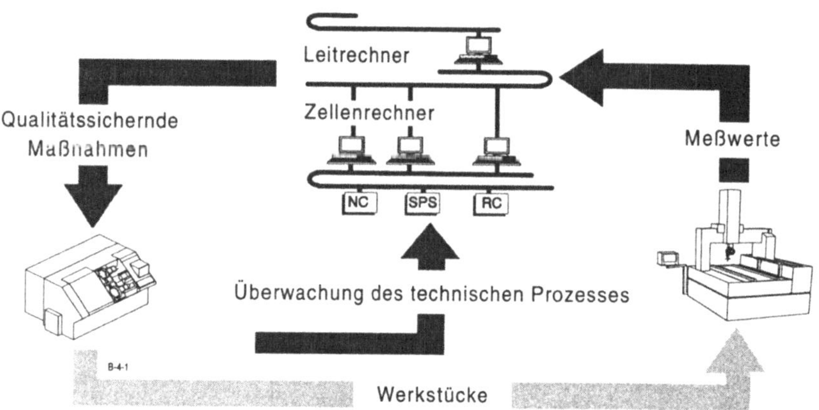

Bild 4.1: Bildung von Qualitätsregelkreisen in der flexiblen Fertigung

Ein zentrales Element beim Aufbau qualitätsrelevanter Regelkreise ist die Integration eines Qualitätsdatenmodells. In diesem Qualitätsdatenmodell werden alle qualitätsrelevanten Daten abgelegt, damit alle Komponenten der flexiblen Fertigung darauf zugreifen können. Durch die Integration der einzelnen Regelkreiskomponenten in die flexible Fertigung wird ein System aufgebaut, das zelleninterne, zellenübergreifende, bereichsinterne und bereichsübergreifende Qualitätsregelkreise miteinander verknüpft (Bild 4.2).

Die zelleninternen Qualitätsregelkreise sind Regelkreise, die über die Maschinen- oder. Zellensteuerung geschlossen werden. Maschineninterne Regelkreise sind heute bereits vereinzelt realisiert (Abschnitt 2.3.3) und werden industriell eingesetzt. Die relevanten Qualitätsdaten werden direkt in der Maschine erfaßt und in der Maschinensteuerung ausgewertet. Die durch direkte Zuordnungsalgorithmen ermittelten Korrekturwerte werden anschließend in der Maschinensteuerung durchgesetzt. Maschineninterne Qualitätsregelkreise finden bei einfachen, fest definierten Fehlerfällen Anwendung, wobei eine statistisch auswertbare Losgröße vorliegen muß. Der Einsatzbereich maschineninterner Regelkreise ist daher eingeschränkt. Um dieses Defizit zu verringern, werden zelleninterne Qualitätsregelkreise innerhalb flexibler

Fertigungszellen geschlossen. Die relevanten Qualitätsdaten werden über Meß- und Überwachungsgeräte ermittelt, die entweder dem Fertigungszellenrechner (Meßgerät an der Werkzeugmaschine etc.) oder der Gerätesteuerung (Meßtaster in der Werkzeugmaschine etc.) untergeordnet sind. Die ermittelten Daten werden innerhalb des Zellenrechners mit den Vorgabedaten verglichen. Hierbei werden Korrekturwerte bzw. qualitätssichernde Maßnahmen für Fehlerfälle ermittelt, die vorher nicht festgelegt werden müssen. Zur Maßnahmenermittlung können wegen der vorliegenden Soll- und Ist-Daten leistungsfähige Methoden eingesetzt werden. Die ermittelten Maßnahmen werden an die untergeordneten Maschinensteuerungen weitergeleitet und durchgesetzt.

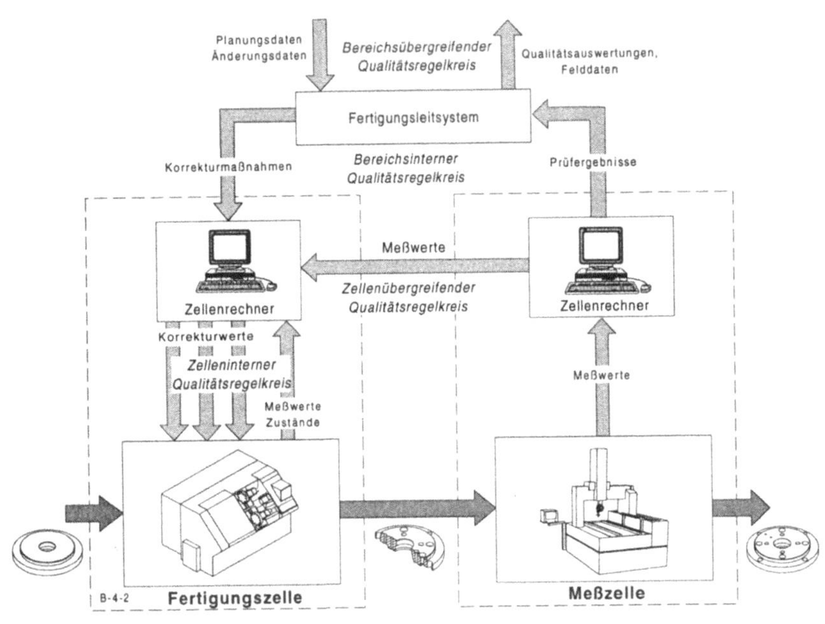

Bild 4.2: Qualitätsregelkreise in der flexiblen Fertigung

Die Ermittlung qualitätsrelevanter Meßwerte von Werkstücken wird in vielen Fällen außerhalb der Fertigungszelle mit Hilfe von Meßzellen durchgeführt. Die Rückführung ermittelter Meßwerte in die Fertigungszelle zur Meßdateninterpretation bzw. zur Fehlerbehandlung kann nur durch die Bildung zellenübergreifender Qualitätsregelkreise ermöglicht werden. Die Auswertung der Daten, die Ermittlung von qualitätssichernden Maßnahmen sowie deren Durchsetzung geschieht analog zu der Vorgehensweise bei der zelleninternern Regelkreisbildung.

Über die Leitebene des Fertigungsbereichs wird der bereichsinterne Qualitätsregelkreis geschlossen. Die Rückmeldungen von der untergeordneten Zellenebene werden zur Ermittlung der qualitätssichernden organisatorischen Maßnahmen herangezogen. Der Handlungsspielraum auf der Leitebene entspricht dem Zeithorizont der durchzuführenden Zellenaufträge. Zellenauträge und Betriebsmittel können gesperrt, umgeplant, priorisiert und freigegeben werden.

Bereichsübergreifende Qualitätsregelkreise binden das Fertigungsvorfeld in die Fehlerbehandlung mit ein. Sie haben nicht die Regelung eines laufenden Fertigungsauftrages zum Ziel, sondern dienen der Ermittlung von Stellgrößen unter planerischen und konstruktiven Gesichtspunkten. Die Stellgrößen - Konstruktions-, Arbeitplan- und NC-Programmänderungen - haben in der Regel frühestens auf das nächste zu bearbeitende Los Auswirkungen.

4.2.2 Objekte und Aufgaben der integrierten Qualitätssicherung

Die Anforderungen einer ganzheitlichen integrierten Qualitätssicherung in flexiblen Fertigungszellen erfordern eine systematische Betrachtung der komplexen Zusammenhänge, die zu fehlerhaften Produkten führen. Die Einflußparameter, die die Produktqualität bestimmen, müssen in einem ganzheitlichen Modell abgebildet werden, damit mögliche Fehler, die zu Qualitätsfehlern führen, frühzeitig erkannt und

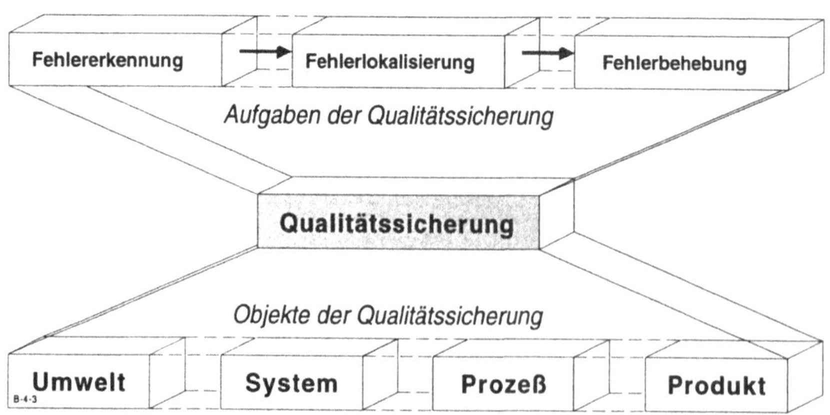

Bild 4.3: Objekte und Aufgaben der ganzheitlichen Qualitätssicherung

behoben werden können. Zur ganzheitlichen systematischen Betrachtung der Qualitätssicherung muß Klarheit über die Objekte und die Aufgaben der integrierten Qualiätssicherung sowie deren Strukturierung herrschen. In Bild 4.3 sind die Objekte und Aufgaben einer ganzheitlichen Qualitätssicherung dargestellt.

Bei der für eine ganzheitliche Qualitätssicherung relevanten Betrachtungskette der Objekte der Qualitätssicherung handelt es sich um die Objekte "Umwelt", "System", "Prozess" und "Produkt". Aufgabe der Qualitätssicherung ist die Einhaltung der geplanten bzw. geforderten Qualität eines Betrachtungsobjektes (Produktes) durch die Wirkungskette der Aufgaben "Fehlererkennung", "Fehlerlokalisierung" und "Fehlerbehebung". Das sich aus der Aufgabe und den Objekten der ganzheitlichen Qualitätssicherung ergebende Wirkungsgefüge der Qualitätssicherung wird in Abschnitt 4.2.3 untersucht und anhand eines Beispiels dargestellt. Im folgenden werden die Objekte und Aufgaben der integrierten Qualitätssicherung definiert.

Objekte: "Umwelt" - "System" - "Prozeß" - "Produkt"

Gegenstand der Qualitätssicherung ist laut Definition ein Betrachtungsobjekt bzw. eine Einheit /DIN 55350/. Für die ganzheitliche Qualitätssicherung besteht das Betrachtungsobjekt jedoch nicht nur aus dem "Produkt", wie dies in /DIN 55350/ gefordert ist, sondern aus der qualitätsrelevanten Betrachtungskette der Objekte "Umwelt", "System", "Prozeß" und "Produkt", da nur eine ganzheitliche Betrachtung aller Einflußgrößen eine effiziente Qualitätssicherung ermöglicht.

Im Mittelpunkt dieser Betrachtung steht das Produkt, d.h. das Werkstück, dessen Eigenschaften von Prozessen bestimmt, beeinflußt und verändert werden. Bei den Prozessen handelt es sich um Elementarprozesse (z.B. Stirnfräsen, Plandrehen etc.). Die Prozesse sind Teil der Systeme (z.B. Drehmaschinen, Fräsmaschinen, Schleifmaschinen etc.). Die Systeme wiederum sind von der Umwelt, der Maschinenhalle, in der sie stehen, umgeben. Diese ablauforientierte, am technischen Prozeß angelehnte Betrachtungsweise spiegelt die grundlegenden Zusammenhänge der Fertigungstechnik wider. Auf die Produktqualität wirken die verschiedensten Einflußgrößen. Sie lassen sich in die im folgenden näher erläuterten Bereiche

- Einflußbereich Produkt,
- Einflußbereich Prozeß,
- Einflußbereich System und
- Einflußbereich Umwelt

einteilen (Bild 4.4).

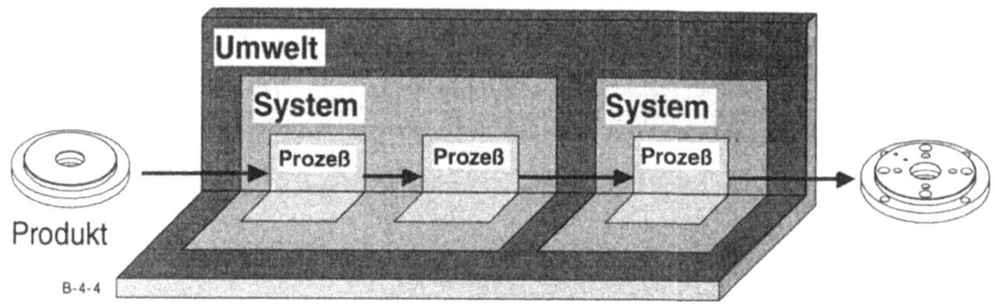

Bild 4.4: Struktur der Qualitätssicherungsobjekte

Einflußbereich Produkt: Die Produktqualität hängt von den Materialeigenschaften des Ausgangswerkstücks - Rohteil oder Halbfertigteil - ab. Es handelt sich hierbei um Eigenschaften wie z.B. Härte, Zerspanbarkeit, Wärmebehandelbarkeit.

Einflußbereich Prozeß: Die Produktqualität hängt von den Prozeßeigenschaften ab. Es handelt sich hierbei um Eigenschaften wie z.B. Technologie- und Geometriedaten der Bearbeitung, Daten der bearbeitenden Werkzeuge, prozeßkennzeichnende Daten der Bearbeitung (z.B. Schnittkraftverlauf, Geräuschverhalten etc.).

Einflußbereich System: Die Produktqualität hängt von den Eigenschaften der bearbeitenden Systeme ab. Hierbei handelt es sich um Daten, die die Bearbeitungsgenauigkeit der Systeme (z.B. Anfahrwiederholgenauigkeit, Ebenheit der Führungsbahnen etc.) charakterisieren.

Einflußbereich Umwelt: Die Produktqualität hängt bei verschiedenen Systemen und Prozessen von den Umwelt- bzw. Umgebungsbedingungen ab. Für Schleifprozesse auf hochgenauen Führungsbahnschleifmaschinen beispielsweise sind die Umgebungsbedingungen (Umgebungstemperatur, Schwingungen der Umgebung etc.), für die Qualität der Bearbeitung von großer Wichtigkeit.

Der vorgeschlagene Ansatz der ablauforientierten Betrachtungsweise der Objekte der Qualitätssicherung soll anhand eines Beispiels verdeutlicht werden. Ein Werkstück ist durch die Aufspannung in der Vorrichtung der Werkzeugmaschine mit dieser verbunden. Die Qualität des Werkstücks wird durch verschiedene Einflußgrößen, die sich in die genannten vier Bereiche Umwelt, System, Prozeß und Produkt einteilen lassen, beeinflußt. Die Werkstoff- und Bearbeitungseigenschaften des Rohteils oder Halbfertigteils sind als Einflußgrößen des Bereichs "Produkt" zu nennen. Im Bereich "System" beeinflussen die Werkzeugmaschinengenauigkeit und das Bearbeitungsverhalten der Werkzeugmaschine das Bearbeitungsergebnis. Im Bereich "Prozeß" sind verschiedene Einflußbereiche zu nennen. Hauptverantwortliche Komponente des Zerspanprozesses ist das Werkzeug. Der Werkzeugzustand zum Zeitpunkt der Bearbeitung, der vor allem durch die Werkzeugstandzeit und den Werkzeugverschleiß charakterisiert ist, ist für das Bearbeitungsergebnis maßgeblich verantwortlich. Ein weiterer Einflußbereich ist das NC-Programm. Es beeinflußt den Zerspanprozeß und damit das Bearbeitungsergebnis durch die im NC-Programm festgelegten Technologie- und Geometriedaten. Im Bereich "Umwelt" beeinflussen die Umwelt- bzw. Umgebungsbedingungen, wie die Temperatur bzw. der Temperaturverlauf über der Zeit, das Bearbeitungsergebnis. Unter Umwelt bzw. Umgebung ist die direkte Umgebung des Systems, d.h. der Werkzeugmaschine, zu verstehen.

Die Einflußgrößen auf die Werkstückqualität können, wie dargestellt in die Bereiche Umwelt, System, Prozeß und Produkt eingeteilt werden. Die Qualitätssicherungsobjekte bilden die Grundlage für die Aufgaben der ganzheitlichen und integrierten Qualitätssicherung.

Aufgaben: "Fehlererkennung" - "Fehlerlokalisierung" - "Fehlerbehebung"

Die Aufgabe der Qualitätssicherung läßt sich allgemein mit dem Ziel, die geplante und geforderte Qualität eines Bauteils zu erzeugen bzw. sicherzustellen, beschreiben. Dieses Ziel kann nur durch eine detaillierte Betrachtung der Wirkungskette

- Fehlererkennung,
- Fehlerlokalisierung und
- Fehlerbehebung,

die sich an der Fehlerbehandlungskette orientiert, erreicht werden. Die Betrachtungsobjekte "Umwelt", "System", " Prozeß" und "Produkt" müssen überwacht, im Fehlerfall diagnostiziert und therapiert werden (Bild 4.5).

Fehlererkennung ist die Untersuchung des Zustandes bzw. der Beschaffenheit (Qualität) eines Betrachtungsobjektes. Die gesamte Betrachtungskette, die die Qualität eines Werkstücks bestimmt, muß in diese Analyse mit einbezogen werden. Fehler, die eine unzureichende Qualität eines Werkstücks charakterisieren oder die zu einer unzureichenden Qualität eines Werkstücks führen können, müssen bei der Überwachung der beschriebenen Betrachtungskette erkannt werden.

Fehlerlokalisierung ist die Feststellung der Fehlerursache bzw. die Beurteilung der Beschaffenheit (Qualität) eines Betrachtungsobjektes, die aufgrund genauerer Betrachtungen und Untersuchungen getroffen wurden. Die Ursachen für aufgetretene Fehler, die zu unzureichender Produktqualität geführt haben bzw. führen können, müssen lokalisiert werden.

Fehlerbehebung ist die Handlung, die die geplante Beschaffenheit (Qualität) eines Betrachtungsobjektes erzeugt oder wiederherstellt. In der Therapie müssen Maßnahmen, die die Ursachen für Fehler beseitigen, gefunden und an geeigneter Stelle durchsetzt werden.

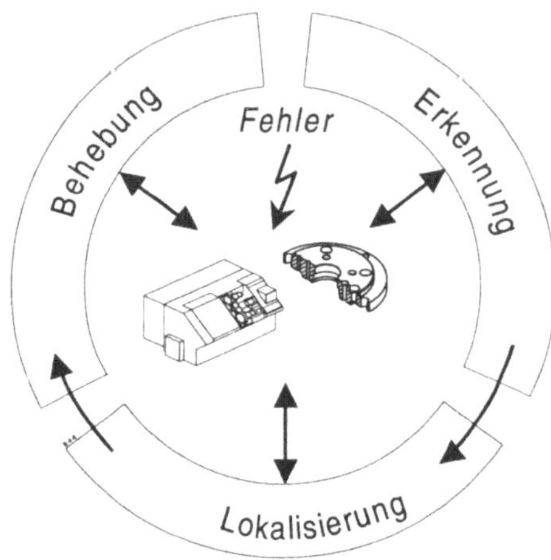

Bild 4.5: Struktur der Qualitätssicherungsaufgaben

Die Fehlererkennung, Fehlerlokalisierung und Fehlerbehebung der Betrachtungsobjekte der Qualitätssicherung "Umwelt", "System", "Prozeß" und "Produkt" setzen den Einsatz geeigneter rechnergestützter Hilfsmittel voraus. Aber erst das Zusammenspiel der einzelnen Bausteine in einem Wirkungsgefüge zur ganzheitlichen integrierten Qualitätssicherung kann die gestellten Anforderungen erfüllen.

4.2.3 Wirkungsgefüge der integrierten Qualitätssicherung

Im Wirkungsgefüge wird der Zusammenhang zwischen den Aufgaben und den Objekten der Qualitätssicherung hergestellt. Die ganzheitliche Qualitätssicherung erlaubt die systematische Betrachtung der Kausalitäten, die zu fehlerhaften Produkten führen. Das Wirkungsgefüge liefert ein qualitätsbezogenes Abbild des Fertigungsprozesses, das alle verfügbaren Informationen, die für die Qualitätssicherung relevant sein können, beinhaltet.

Eine effiziente Fehlerbehandlung setzt die direkte Kopplung der Fehlererkennung, Fehlerlokalisierung und Fehlerbehebung mit den Objekte der Qualitätssicherung voraus. D.h. der Aufgabe Fehlerbehandlung müssen zu jeder Zeit alle qualitätsrelevanten Daten zur Verfügung stehen. Bild 4.6 zeigt beispielhaft das Wirkungsgefüge zwischen den einwirkenden Fehlern sowie den Objekten und den Aufgaben der Qualitätssicherung.

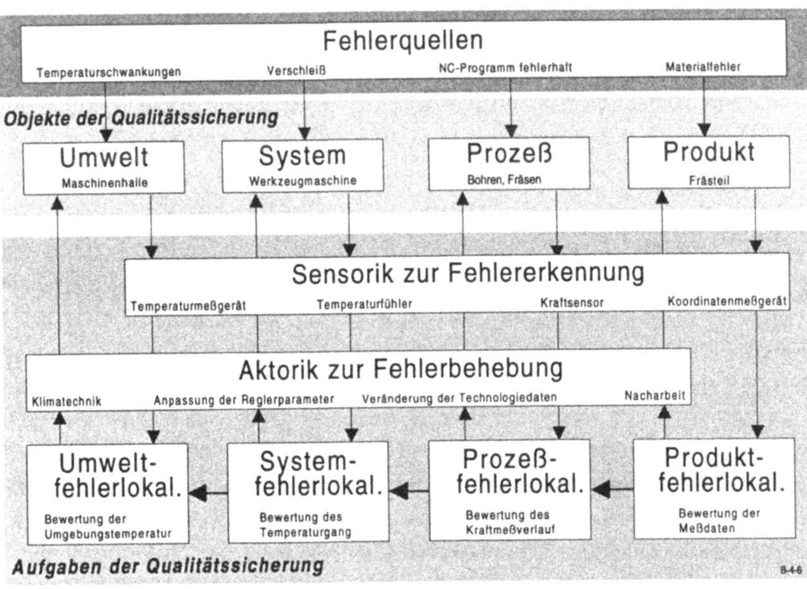

Bild 4.6: Wirkungsgefüge der ganzheitlichen Qualitätssicherung

Verschiedenste Fehler können auf die Objekte der Qualitätssicherung - "Umwelt", "System", "Prozeß" und "Produkt" - einwirken. Beispielhaft seien hier Temperaturschwankungen der Umwelt, Verschleiß des Systems, NC-Programmfehler im Prozeß und Materialfehler des Produkts genannt. Die auftretenden Fehler wirken direkt oder indirekt auf die Qualität des bearbeiteten Werkstücks ein. Die Qualitätssicherungsobjekte müssen, um Fehler frühzeitig erkennen zu können, mit Hilfe geeigneter Meßtechnik und Sensorik überwacht werden. Es kann sich hierbei z.B. um die Auswertung von Werkstückmeßdaten von Koordinatenmeßgeräten, von Zerspankraftverläufen von Kraftsensoren, von Maschinentemperaturgängen von Temperaturfühlern und von Umwelttemperaturverläufen von Raumthermometern handeln. Bei auftretenden Abweichungen, die nicht mehr toleriert werden können, müssen die Fehlerursachen für die Abweichungen lokalisiert werden. Hierbei kann erneut über die Überwachungshilfsmittel auf die Qualitätssicherungsobjekte zugegriffen werden, um so Informationen über die Objekte, die zur Fehlerlokalisierung benötigt werden, zu erhalten. Die Fehlerbehebung hat zur Aufgabe, Maßnahmen zur Behebung der Fehlerursachen zu ermitteln und nach einer Plausibilitätsprüfung über die Aktorik an den geeigneten Stellen durchzusetzen.

Die Fehlerbehandlung setzt detaillierte Kenntnisse über Fehler, Fehlerbehandlungsverfahren, Qualitätsdaten und Fehlerwissen voraus. Die Verfügbarkeit und Transparenz aller qualitätsrelevanten Daten wird durch ein Qualitätsdatenmodell, auf das alle Funktionen zur Fehlerbehandlung zugreifen können, gewährleistet.

4.3 Produktzentriertes Qualitätsdatenmodell

4.3.1 Aufgaben des produktzentrierten Qualitätsdatenmodells

Qualitätsdaten sind die Grundlage der Qualitätssicherung. Hierunter fallen alle Daten, die die Qualität von Arbeitsresultaten (Werkstücke, Planungsergebnisse, NC-Programme etc.) beschreiben. Sie sind die Grundlage innerhalb der rechnerunterstützten Produktion zur Bildung von Qualitätsregelkreisen auf unterschiedlichen Ebenen. Qualitätsdaten werden von verschiedenen Datenquellen - Unternehmensbereichen - zur Verfügung gestellt und von verschiedenen Datensenken weiterverarbeitet. Qualitätsdaten liegen in unterschiedlichster Form - Textfiles, lokale Datenbasen, Meßprotokolle etc. - vor. Aufgrund dieser Inhomogenität wird ein Qualitätsdatenmodell benötigt, indem die Qualitätsdaten anforderungsgerecht strukturiert sind. Zur Qualitätssicherung der Arbeitsergebnisse sind Qualitätsdaten, abhängig von der anfordernden Ebene und der Aufgabenstellung, in unterschiedlichen Abstraktionsgraden, Auswertungen und Verdichtungen zur Verfügung zu stellen /Bach 90, DGQ 79, Pfei 89H, Schw 91, Stei 89/.

Bevor der Leistungsumfang des produktzentrierten Qualitätsdatenmodells formuliert wird, muß der Begriff "Produktzentriertes Qualitätsdatenmodell" geklärt werden. Unter einem Modell versteht /Gard 89/ ein abstrahiertes Abbild der Realität, in dem alle Eigenschaften und Zusammenhänge eines "Systems" abgebildet sind und in dem unwesentliche, für die "Systemrealisierung" unrelevante Aspekte weggelassen werden. Diese Definition eines Modells bezieht sich auf die verschiedensten Arten von Modellen. Man unterscheidet u.a. zwischen Funktions-, Verhaltens-, Struktur-, Datenmodellen etc.. Ein Datenmodell ist ein mathematischer Formalismus mit zwei Bestandteilen. Der erste Teil ist eine Notation zur Beschreibung von Daten, der zweite Teil umfaßt eine Anzahl von Operationen zur Manipulation der Daten im Datenmodell /Abar 87, Gard 89, Konr 87/. Unter "Produktzentrierung" ist der Produktbezug des Datenmodells bzw. der im Datenmodell enthaltenen Daten zu verstehen. Zusammenfassend soll im weiteren der Begriff "Produktzentriertes Qualitätsdatenmodell" wie folgt verwendet werden:

"Ein produktzentriertes Qualitätsdatenmodell ist ein abstrahiertes, qualitätsdatenbezogenes Abbild aller qualitätsrelevanten Einflußgrößen auf die Qualität eines Produktes, das neben den Daten auch Funktionen zur Manipulation der Daten enthält".

In Bild 4.7 ist die Konzeption des produktzentrierten Qualitätsdatenmodells dargestellt. Das Konzept umfaßt qualitätssicherungsbezogene und allgemeine Aspekte. Das Konzept resultiert aus dem Ziel, das Qualitätsdatenmodell in die rechnerunterstützte Produktion zu integrieren.

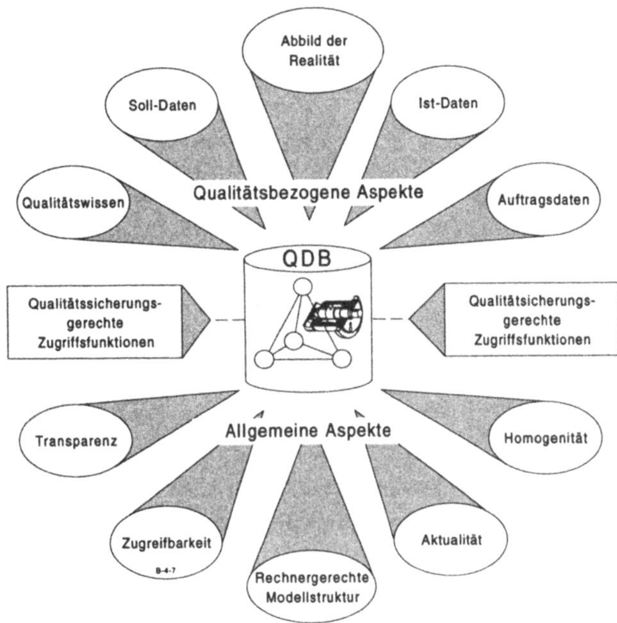

Bild 4.7: Konzeption des produktzentrierten Qualitätsdatenmodells

Das produktzentrierte Qualitätsdatenmodell enthält ein aktuelles qualitätsrelevantes Abbild aller Einflußgrößen auf die Qualität von Werkstücken sowie die qualitätsrelevanten Soll-Daten. Unterlagen wie Konstruktionszeichnungen, Arbeits- und Prüfpläne, NC-Programme etc. liegen zwar in der Regel in datentechnischen Formaten vor, es handelt sich jedoch um firmenspezifische Formate oder um einfache Text-Files. Diese Datenquellen sind für eine effiziente Verarbeitung der Daten ungeeignet. Das Datenmodell enthält daher diese Daten in strukturierter und in rechnertechnisch verarbeitbarer Form. Analog zu den Soll-Daten werden die anfallenden qualitätsrelevanten Ist-Daten des technischen Prozeses in dem Modell abgelegt. Diese Ist-Daten sind z.B. Ergebnisse von Werkstückmessungen, Daten von Prozeßüberwachungen und Systemüberprüfungen sowie Temperaturverläufe der Umwelt und der Werkstücke über die Zeit hinweg. Besonders wichtig ist, daß die Ist-Daten eindeutig gekennzeichnet sind und eindeutig mit den zugehörigen Soll-Daten verknüpft sind. Eine Zugriffsmöglichkeit auf das Datenmodell besteht über die Auftragsdaten der Fertigung. Qualitätswissen, d.h. Wissen zur Fehlerbehandlung bei aufgetretenen Qualitätsfehlern, ist in dem Datenmodell in datentechnisch verarbeitbarer Form abgelegt. Das Qualitätsdatenmodell ist als integratives Element in die rechnerunterstützte Fertigung eingebunden. Daher muß es den allgemeinen Anforderungen, die sich aus der Rechnerintegration ergeben, gerecht werden. Die Struktur des produktzentrierten Qualitätsdatenmodells ist rechnergerecht aufgebaut. Die Daten sind zugreifbar und transparent für die steuernden Systeme der Fertigung. Die Struktur ist modular und homogen, um die Komplexität des Datenmodells zu begrenzen. Ein wichtiger Aspekt ist die größtmögliche Aktualität des Qualitätsabbilds. Um diese Aktualität zu erreichen, werden den auf die Qualitätsdaten zugreifenden Systemen möglichst effiziente und komfortable Zugriffsfunktionen zur Verfügung gestellt.

4.3.2 Grundstruktur und Teilmodelle

4.3.2.1 Grundstruktur

Die Grundstruktur des produktzentrierten Qualitätsdatenmodells ist auf der Basis der Gliederung der Qualitätsdaten nach den Strukturierungsgesichtspunkten

- Datenbezug,
- Einflußbereiche auf die Produktqualität,
- Zeitbezug und
- Art der Qualitätsmerkmale aufgebaut (Bild 4.8).

Nach dem Datenbezug werden die Qualitätsdaten in Operationsauftrags- und -plandaten gegliedert. Die Operationsplandaten umfassen die Operationsfolgen und -schritte der Arbeits- und Prüfpläne der zu bearbeitenden Werkstücke. Die Operationsauftragsdaten spiegeln die Zeit-, Mengen- und Termindaten der Auftragsbearbeitung wider. Bei der Gliederung der Daten nach dem Datenbezug in Operationsauftrags- und -plandaten wird der Zugriff auf die Daten über die laufenden Operationsaufträge in der Fertigung ermöglicht. Durch die Zuordnung der Operationpläne zu den Operationsaufträgen sind alle technischen Daten mit den organisatorischen Daten verknüpft. Einem Operationsauftrag können mehrere Operationspläne zugeordnet sein. Ein Operationsplan besteht aus mehreren Operationsfolgen (Arbeitsvorgänge), diese wiederum bestehen aus mehreren Operationsschritten (elementare Bearbeitungsschritte).

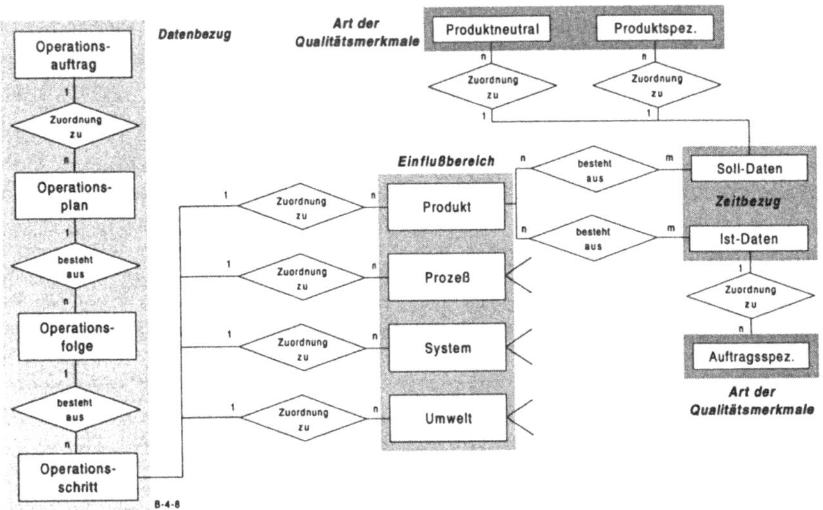

Bild 4.8: Grundstruktur des produktzentrierten Qualitätsdatenmodells

Nach den Einflußbereichen auf die Produktqualität werden die Qualitätsdaten in Produkt-, Prozeß-, System- und Umweltdaten gegliedert. Die Qualität der Werkstücke wird durch Einflußparameter bestimmt, die in die genannten vier Bereiche eingeteilt werden können. Da die Fehlerkausalitätskette an dieser Strukturierung orientiert ist, wird die Fehlerbehandlung somit unterstützt. Der Zugriff auf die Produkt-, Prozeß-, System- und Umweltdaten erfolgt über die Operationsschritte, den kleinsten Einheiten der Operationspläne. Einem Operationsschritt sind jeweils mehrere Produkt-, Prozeß-, System- und Umweltdaten zugeordnet.

Nach dem Zeitbezug werden die Qualitätsdaten in Soll- und Ist-Daten gegliedert. Soll-Daten sind Daten des Fertigungsvorfeldes wie z.B. Konstruktionsdaten, Arbeits- und Prüfplandaten, NC-Programmdaten etc. Ist-Daten sind die durch Prüfungen ermittelten Merkmalswerte. Grundlage für die Gliederung der Qualitätsdaten in Soll- und Ist-Daten ist die dadurch entstehende Vergleichbarkeit der Daten.

Nach der Art der Qualitätsmerkmale werden die Qualitätsdaten in auftragsspezifische (z.B. Termine etc.), produktspezifische (z.B. Geometriedaten etc.) und produktneutrale (z.B. Werkzeugstammdaten etc.) Daten gegliedert. Aufgrund der erforderlichen eindeutigen Zugreifbarkeit werden die Qualitätsdaten nach ihrem Auftrags- und Produktbezug gegliedert.

Durch die Gliederung des produktzentrierten Qualitätsdatenmodells nach den o.g. Gliederungsgesichtspunkten entstehen sechs Teilmodelle, das Operationsauftrags-Modell, Operationsplan-Modell, Produkt-Modell, Prozeß-Modell, System-Modell und Umwelt-Modell. Ziel der Verknüpfung dieser Teilmodelle ist die eindeutige Zugreifbarkeit auf alle qualitätsrelevanten Daten, die zur Herstellung eines Werkstückes notwendig sind. Im folgenden werden die sechs Teilmodelle - Operationsauftrag, Operationsplan, Produkt, System, Prozeß und Umwelt - des produktzentrierten Qualitätsdatenmodells vorgestellt.

4.3.2.2 Teilmodelle Operationsauftrag und Operationsplan

Aufträge, die innerhalb der Fertigung abgewickelt werden, werden Operationsaufträge genannt, um die Unterscheidung der Aufträge in Bearbeitungs-, Meß- und Transportaufträge, wie dies in der Praxis heute noch üblich ist, aufzuheben. Jede Aktivität innerhalb der Fertigung unterliegt Qualitätsanforderungen, unabhängig davon, um welche Art der Aktivität es sich handelt. Die Operationsauftragsdaten umfassen alle Daten, die zur organisatorischen Abwicklung des Operationsauftrages benötigt werden. Sie sind im Operationsauftrags-Modell zusammengefaßt.

Arbeits- und Prüfpläne legen die Arbeitsschritte fest, die zur Bearbeitung und Prüfung von Werkstücken notwendig sind. Durch die Integration der Prüfschritte in Werkzeugmaschinen und die datentechnische Integration der Arbeits- und Prüfplaninhalte wird nicht mehr zwischen Arbeits- und Prüfschritten unterschieden. In dieser Arbeit wird deshalb "Operation" als Synomym für Bearbeitung, Prüfung, Transport und Lagerung verwendet. Im Operationsplan-Modell sind alle Operationspläne, alle Operationsfolgen dieser Pläne sowie alle Operationsschritte der Folgen enhalten. Es handelt sich um die Daten, die festlegen welche Operationsschritte in welcher Reihenfolge bearbeitet werden sollen (Bild 4.9).

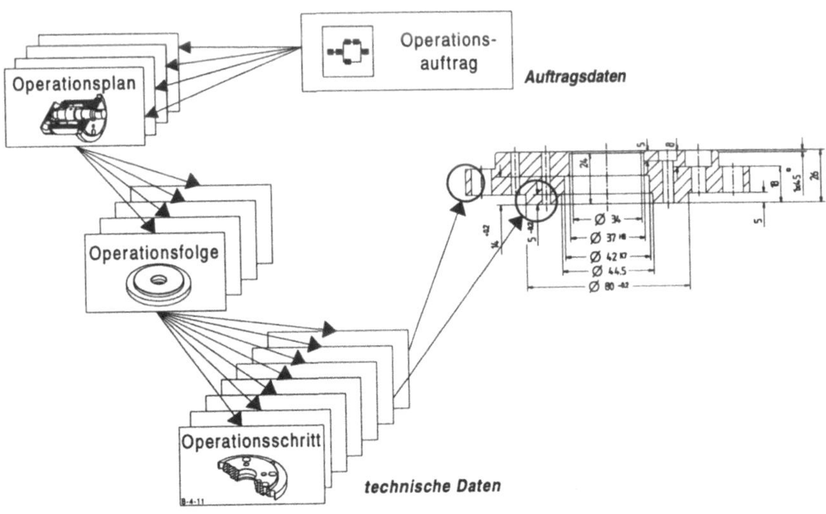

Bild 4.9: Operationsauftrag und Operationsplan

4.3.2.3 Teilmodell Produkt

Produkte können in "Werkstücke", "Baugruppen" und "Fertigprodukte" eingeteilt werden (Bild 4.10). Aufgrund der unterschiedlichen Qualitätsforderungen dieser Produktsichten ergeben sich unterschiedliche Betrachtungsweisen der Qualitätsdaten. Sind bei Werkstücken Qualitätsmerkmale wie Maß-, Form- und Lagetoleranzen sowie Oberflächen- und Werkstoffangaben relevant, so sind bei den Baugruppen Aspekte der Montage und der Teilfunktionen von Interesse. Beim Fertigprodukt steht schließlich die Gesamtfunktion im Mittelpunkt der Betrachtung. In dieser Arbeit steht das Werkstück im Vordergrund des Interesses.

Das Produkt-Modell ist im Kern ein Werkstückmodell, das sämtliche Geometrie-, Technologie- und Qualitätsinformationen enthält (Bild 4.11). Die Geometrie des Werkstücks wird in Form eines volumenorientierten CAD-Modells beschrieben. Mit Hilfe elementarer Volumenelemente (Quader, Zylinder, Kugel etc.) wird das Modell eines spezifischen Werkstücks aufgebaut. Durch die datentechnische Verknüpfung einzelner Volumenelemente über ihre elementspezifischen Koordinatensysteme, relativ zu einem werkstückspezifischen Koordinatensystem, sowie durch die Angabe der exakten Werte ihrer formbestimmenden Größen wird die Geometrie des Werkstücks festgelegt. Mit diesem Geometriemodell sind die Technologie- und Qualitätsdaten direkt verknüpft. Neben der Abbildung der reinen geometriebestimmenden Größen werden somit Bearbeitungsparameter und Toleranzangaben für einzelne Formelemente des Werkstücks datentechnisch zugreifbar /Brin 91, DIN 2330, Dreh 89, Grab 92, Holl 91, Marc 89, Meer 90, Ruf 91, Schm 91/.

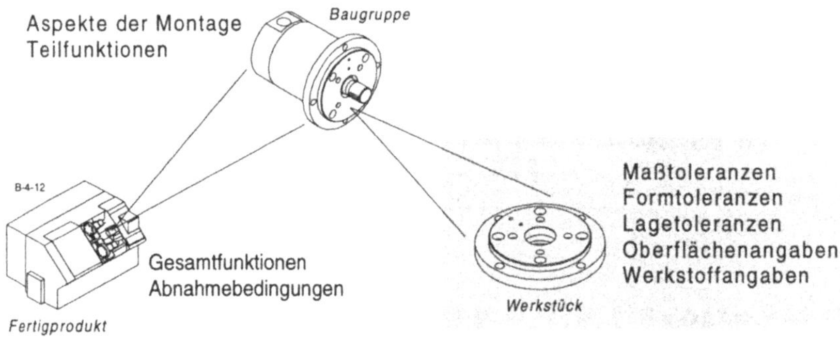

Bild 4.10: Qualitätsmerkmale von Werkstück - Baugruppe - Fertigprodukt

Ziel der Produktmodellierung ist eine direkte Zuordnung aller am Produktentstehungsprozeß beteiligten Qualitätsdaten mit den elementaren Volumenelementen eines Werkstücks. Durch eine derartige Zuordnung ist ein transparenter, rechnertechnisch verarbeitbarer Zusammenhang zwischen den Einflußparametern und der Produktqualität gewährleistet. Gemäß der vorgestellten Grundstruktur des produktzentrierten Qualitätsdatenmodells unterteilen sich die Produktdaten in produktneutrale und produktspezifische Soll-Daten sowie in auftragsspezifische Ist-Daten. Produktneutrale Soll-Daten sind beispielsweise verwendbare Volumenelemente und Qualitätsmerkmale. Die produktspezifischen Solldaten legen die Qualitätsmerkmale durch Sollwerte und Grenzwerte fest. Es werden dabei quantitative und qualitative Soll-Daten unterschieden. Quantitative Soll-Daten definieren zahlenmäßig Angaben über Maß-, Form-, Lage-, Oberflächen- und Werkstoffeigenschaften eines Werkstücks. Qualitative Soll-Daten wie z.B. Ergebnisse von Sichtprüfungen werden durch die Einteilung in Bewertungsklassen verschlüsselt, um eine rechnergestützte Verarbeitung zu ermöglichen. Auftragsspezifische Ist-Daten sind Qualitätsdaten, die im

Rahmen von Messungen und Prüfungen eines Werkstücks als Istwerte vorgegebener Qualitätsmerkmale ermittelt worden sind.

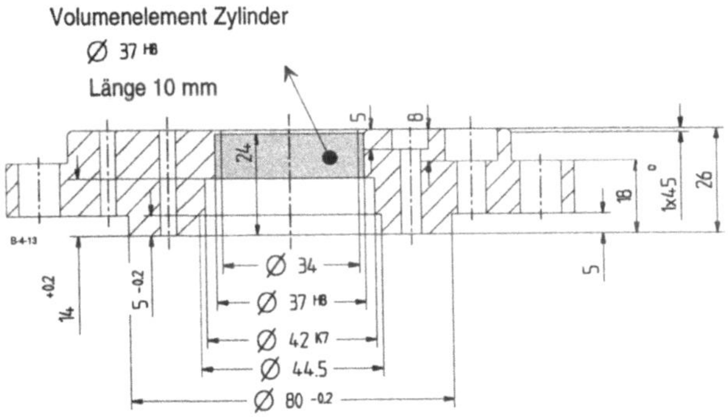

Bild 4.11: Beispielhafter Aufbau des Werkstückmodells

4.3.2.4 Teilmodell Prozeß

Im Prozeß-Modell werden alle qualitätsrelevanten Daten abgebildet, die direkt oder indirekt einem Fertigungsprozeß zugeordnet werden können und als Einflußparameter auf die Produktqualität berücksichtigt werden müssen. Die Vielzahl der qualitätsrelevanten Prozeßdaten läßt sich anhand der Prozeßbestandteile gliedern.

Der in Bild 4.12 dargestellte Zusammenhang wird im folgenden beispielhaft erläutert. Im Mittelpunkt steht das Werkstück, dessen Eigenschaften durch den Prozeß verändert werden. Durch die Aufspannung sind Werkstück und Maschine miteinander gekoppelt. Die Spanabnahme resultiert aus einer Relativbewegung zwischen Werkzeug und Werkstück. Das Kühlschmiermittel unterstützt die Spanabnahme und verlängert dadurch die Standzeit des Werkzeugs. Gleichzeitig kann es durch Wärmeabfuhr eine unerwünschte Erwärmung des Werkstücks verhindern. Die Steuerung stellt das Bindeglied zwischen NC-Programm und Maschinenebene dar. Sie setzt die Anweisungen des NC-Programms in Aktionen der Maschine um und trägt so zu den qualitätsrelevanten Prozeßdaten bei /Dreh 89, Mart 91, Ever 91D/.

Prozesse werden, angelehnt an die Normenreihe /DIN 8580ff/, in fertigungsverfahrensspezifische Prozeß-Teilmodelle gegliedert, da die qualitätsrelevanten Prozeßdaten spezifisch für ein Fertigungsverfahren sind und nur eingeschränkt vergleichbar sind. Es existieren daher Prozeß-Teilmodelle für die Fertigungsverfahren Fräsen, Drehen, Bohren etc..

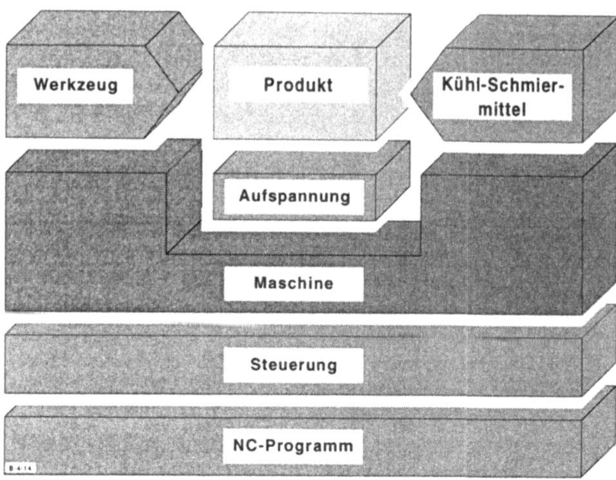

Bild 4.12: Qualitätsrelevante Komponenten des Prozesses

Die qualitätsrelevanten Prozeßdaten können wie die Produktdaten in produktneutrale und produktspezifische Soll-Daten sowie in auftragsspezifische Ist-Daten unterteilt werden. Bei den produktneutralen Soll-Daten des Prozesses handelt es sich um Vorgabewerte, die unabhängig von der Bearbeitungsaufgabe für die Prozeßkomponenten gelten. Produktspezifische Soll-Daten sind alle Qualitätsdaten eines Fertigungsprozesses, die für die Bearbeitung eines bestimmten Werkstücks vorgegeben werden. Hierzu zählen Soll-Daten bzgl. der o.g. Prozeßkomponenten. Auftragsspezifische Qualitätsdaten sind alle durch Meßtechnik und Sensorik ermittelten Istwerte und Istwertverläufe. Die spezifische Ausprägung der auftragsspezifischen Daten bestimmen die Einflußgrößen auf die Produktqualität maßgeblich.

4.3.2.5 Teilmodell System

Aus fertigungstechnischer Sicht hängen das System- und Prozeß-Modell eng zusammen. Ein Prozeß ist immer an das System gebunden, in dem er abläuft. Im vorangegangen Abschnitt wurden die Qualitätsdaten von Prozessen als diejenigen Daten festgelegt, die einem elementaren Bearbeitungsprozeß zugeordnet sind. Prozeßdaten sind daher Daten, die sich dynamisch mit der Zeit ändern. Die Qualitätsdaten von Systemen dagegen sind unabhängig von dem gerade ablaufenden Prozeß. Qualitätsrelevante Systemdaten ändern sich nur langsam mit der Zeit, da sie den

Zustand des Systems beschreiben. Ein Beispiel hierfür ist die Anfahrwiederholgenauigkeit der Achsen.

Systeme werden, angelehnt an die Normenreihe /DIN 8601ff/, in System-Teilmodelle gegliedert, da die qualitätsrelevanten Systemdaten spezifisch für einen Maschinentyp sind und nur eingeschränkt vergleichbar sind. Es existiert daher für jeden Maschinentyp, wie z.B. Drehmaschinen, Fräsmaschinen, Bearbeitungszentren, Schleifmaschinen etc., ein maschinenspezifisches System-Teilmodell.

Die qualitätsrelevanten Systemdaten werden in produktneutrale und produktspezifische Soll-Daten sowie in auftragsneutrale Ist-Daten unterteilt. Produktneutrale Soll-Daten des Systems lassen sich in geometrische und technologische Daten einteilen. Die geometrischen Daten sind in den "Abnahmebedingungen für Werkzeugmaschinen für die spanende Bearbeitung von Metallen" /DIN 8601ff/ beschrieben. Die in den Normen beschriebenen Merkmale sind anhand der verschiedenen Arten von Werkzeugmaschinen strukturiert. Die Merkmale beziehen sich auf die verschiedenen Komponenten einer Werkzeugmaschine, wie beispielsweise Führungsbahnen (Ebenheit) und Arbeitsspindel (Rundlauf, Teilungen, Winkelspiel). Zu den technologischen Daten zählen u.a. die Nennleistung, die maximale Drehzahl und die maximale Vorschubgeschwindigkeit. Die Ermittlung der Systemdaten erfolgt über die Angabe der Systemspezifikation durch den Hersteller und durch regelmäßige Abnahmeprüfungen der Systeme. Produktspezifische Solldaten sind Anforderungen an Systeme, wie z.B. die Genauigkeit des Systems. Abhängig von diesen Werten können Bearbeitungsaufgaben auf den im Unternehmen vorhandenen Systemen eingeplant werden. Auftragsneutrale Ist-Daten sind die Ergebnisse von Abnahmeprüfungen der System, die im Rahmen von Wartungsarbeiten bzw. Instandhaltungsarbeiten an den Systemen vorgenommen werden.

4.3.2.6 Teilmodell Umwelt

Systeme werden durch die Systemumgebung - die Umwelt - beeinflußt. Die Systemumgebung beeinflußt sowohl die Systemqualität (Temperaturschwankungen führen zu thermischen Verlagerungen einer Bearbeitungsmaschine) als auch die Prozeßqualität (Schwingungen können einen Bearbeitungsgang beeinträchtigen). Eine sinnvolle Einteilung des Umwelt-Modells erfolgt in räumlicher Hinsicht. Werkshallen oder Bereiche von Hallen mit unterschiedlichen Umgebungsbedingungen lassen sich in Gruppen einteilen. Qualitätsrelevante Umweltdaten sind produktneutrale Daten. Diese sind u.a. die Umwelttemperatur, Luftfeuchtigkeit, elektromagnetische Schwingungen, Schmutz etc..

4.4 Integrierte Qualitätssicherung in flexiblen Fertigungszellen

4.4.1 Funktionen zur integrierten Qualitätssicherung

Flexible Fertigungszellen werden von Zellenrechnern gesteuert. Hierzu verfügen die Zellenrechner über Funktionalitäten zur Auftragsdisposition und -einplanung, über operative Funktionalitäten zur Steuerung und Überwachung der Zelle, über Verwaltungs- und Kommunikationsfunktionalitäten. Um der Anforderung einer integrierten Qualitätssicherung in flexiblen Fertigungszellen gerecht zu werden, müssen die bestehenden Funktionalitäten um Funktionen zur Qualitätssicherung und um Funktionen zur Qualitätsdatenverarbeitung erweitert werden (Bild 4.13). Der Ablauf der Auftragsabwicklung wird somit um qualitätssichernde Anteile erweitert. Durch die Überwachung des technischen Prozesses und der produzierten Werkstücke können Fehler, die zu Qualitätsverlusten führen können, frühzeitig erkannt und behoben werden.

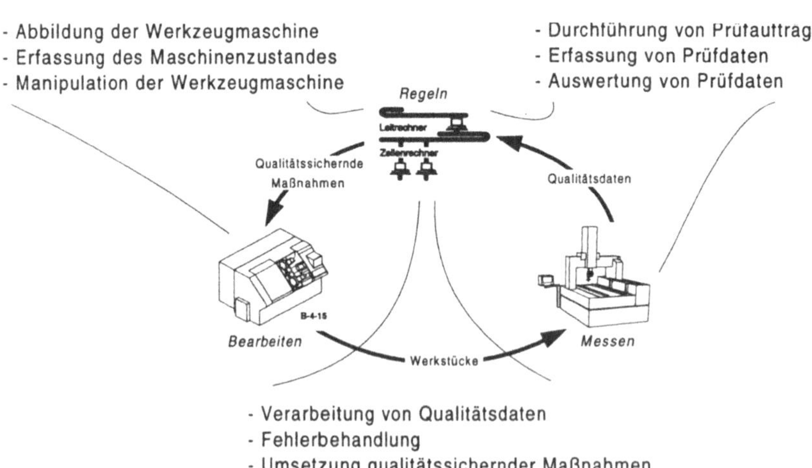

Bild 4.13: Qualitätssicherungsfunktionen in Fertigungszellen

In Bild 4.14 sind die in den Zellenrechner zu integrierenden Funktionen zur Qualitätssicherung und Qualitätsdatenverarbeitung detailliert dargestellt. Sie sind nach den Aktivitäten - Bearbeiten, Messen und Regeln - gegliedert.

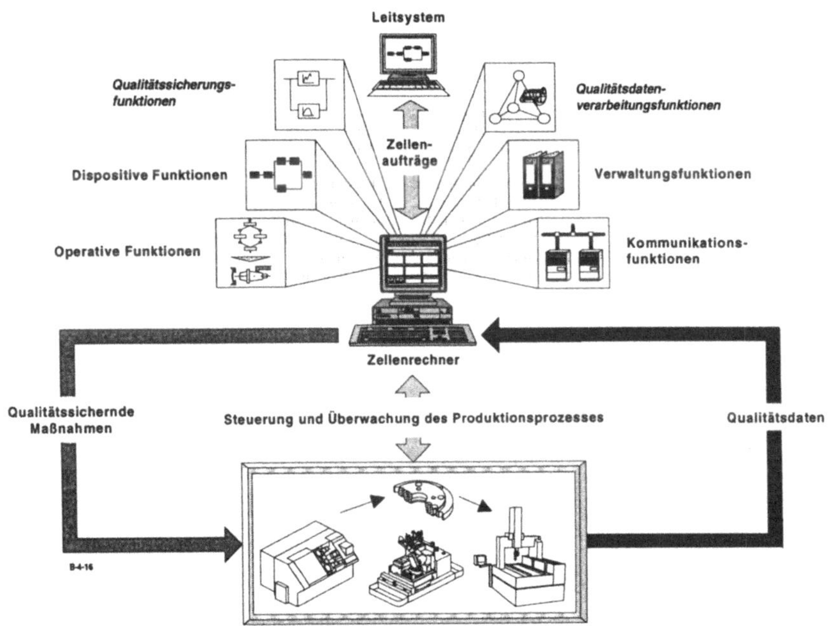

Bild 4.14: Qualitätssicherung auf Zellenebene

Der Zellenrechner ist durch die Funktionsintegration in der Lage, Meßmittel in den Informationsfluß einzubinden und somit den technischen Prozeß hinsichtlich der Qualität der produzierten Werkstücke zu überwachen. Prüfaufträge können vom Zellenrechner durchgeführt, die Prüfergebnisse erfasst und ausgewertet werden. Die Prüfdaten stehen dem Zellenrechner zur Regelung des technischen Prozesses zur Verfügung. Zur Regelung des technischen Prozesses muß der Zellenrechner Qualitätsdaten verarbeiten können, d.h. vorgegebene Soll-Daten mit ermittelten Ist-Daten vergleichen können. Für den Soll-/Ist-Vergleich geometrischer Daten werden die konstruktiven Vorgaben mit den ermittelten Prüfdaten verglichen. Für die Regelung der Prozesse sind aber auch Informationen hinsichtlich des Zustands der Zelle erforderlich. Die Funktionen ermöglichen daher die Überwachung qualitätsrelevanter Zustandsinformationen der Bearbeitungssysteme und Einflußparameter auf die Produktqualität. Nur durch ein umfassendes Abbild des Zustands der Zelle - Qualität produzierter Werkstücke, Zustand des Bearbeitungssystem - können Fehler frühzeitig erkannt, lokalisiert und behoben werden. Die Funktionen zur Fehlerbehandlung sind als Bestandteil der Qualitätssicherungsfunktionen ebenfalls in den Zellenrechner integriert. Es kommen hybride - assoziative und modellbasierte - Verfahren der Fehlerbehandlung zum Einsatz. Die Konzeption der Fehlerbehandlung wird in den folgenden Abschnitten vorgestellt. Durch den Einsatz hybrider Verfahren können Fehlerursachen und daraus resultierend Maßnahmen zu deren Behebung ermittelt werden. Zur Durchsetzung der Maßnahmen können, z.B. neue Werkzeugkorrekturen in der Maschine direkt verändert werden. Die Manipulation der Werkzeugmaschinen geschieht online vom Zellenrechner aus. Grundlage ist ein qualitätsgerechtes Abbild der Werkzeugmaschine. Dieses Abbild stellt beispielsweise Schreib-/Lesefunktionen von Maschinendaten und -zuständen zur Verfügung.

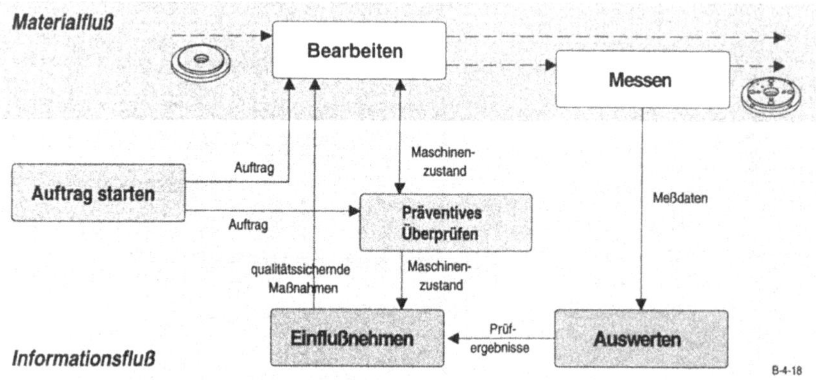

Bild 4.15: Qualitätssichernde Anteile der Auftragsabwicklung

Die Integration qualitätssichernder Aufgaben in die Fertigungszelle hat Einfluß auf die Abläufe zur Auftragsabwicklung innerhalb der Zellen. Die bestehenden Ablaufschemata müssen um Aktivitäten zur Qualitätssicherung erweitert werden. In Bild 4.15 ist das Grundschema der Auftragsabwicklung dargestellt und um qualitätssichernde Anteile erweitert worden. Die qualitätssichernde Auftragsabwicklung ist keine sequentielle Vorgehensweise, sondern ein vernetztes Handeln, das von spezifischen Fehlersituationen abhängt. In der Auftragsabwicklung muß entschieden werden, zu welchem Zeitpunkt und in welcher Weise einzelne qualitätssichernde Funktionen ausgelöst werden müssen. Ein weiterer zu berücksichtigender Aspekt ist die Prüf- bzw. Qualitätssicherungsstrategie, die verfolgt wird. Beispielsweise wirkt sich die Sperrung eines Betriebsmittels bis zur Werkstückfreigabe durch die Qualitätssicherung bei einer Erstteilprüfung auf die Auslastung des gesperrten Betriebsmittels aus. Die gewählte Qualitätssicherungsstrategie gibt auch die einzusetzenden Prüfmittel vor. Beispielsweise kann zur Erstteilprüfung ein hochgenaues Koordinatenmeßgerät zur weiteren Stichprobenprüfung ein Meßtaster in einer Werkzeugmaschine eingesetzt werden.

4.4.2 Aufgaben der Fehlerbehandlung in der Qualitätssicherung

Die Behandlung von Fehlern ist wichtiger Bestandteil der Qualitätssicherung in der Fertigung. Die Qualitätssicherung verfolgt die Zielsetzung, die geplante und geforderte Qualität von Produkten zu erzeugen bzw. das erforderliche Qualitätsniveau der technischen Prozesse sicherzustellen und zu optimieren. Dabei steht der Wunsch nach der Vermeidung von Fehlern an den zu bearbeitenden Werkstücken im Vordergrund aller Betrachtungen. Dies setzt voraus, daß Fehler jeglicher Art innerhalb der Fertigung, die im technischen Prozeß zu schwerwiegenden Qualitätsbeeinträchtigungen des Fertigungsloses führen würden, möglichst frühzeitig erkannt, lokalisiert und behoben werden. Hieraus lassen sich zwei grundlegende Aufgabenstellungen für die Fehlerbehandlung ableiten, die in Bild 4.16 dargestellt sind.

Es handelt sich hierbei um

- die Beobachtung der Fertigung unter qualitätssichernden Gesichtspunkten (präventive Qualitätssicherung und
- die Behandlung von Fehlern (fertigungsbegleitende Qualitätssicherung).

Die *präventive Beobachtung der Fertigung unter qualitätssichernden Gesichtspunkten* verfolgt das Ziel, Fehler zu erkennen, die innerhalb der Fertigungszellen auftreten und die im Fertigungsablauf zu Fehlern an den Produkten führen können, noch bevor sie zu Produktfehlern geführt haben. Die Fehlerbehandlung erfolgt dabei unter der Fragestellung, ob das Produkt mit den vorgesehenen Betriebsmitteln, wie Bearbeitungssystem und Fertigungsprozeß, überhaupt in der geforderten Qualität hergestellt werden kann. Dazu müssen neben den allgemeinen Voraussetzungen des Bearbeitungssystems, wie z.B. die Maschinenfähigkeit, auch die produktspezifischen Einflußparameter, wie z.B. die Technologiedaten und Geometriedaten eines zu verwendenden NC-Programms, überprüft werden.

Die *Behandlung von Fehlern* zur Vermeidung des wiederholten Auftretens an Folgeteilen des Fertigungsloses muß in regelmäßigen Abständen während der Fertigung eines Loses durchgeführt werden. Sie ist nicht, wie irrtümlich angenommen werden kann, eine permanente qualitative Überwachung der Teilefertigung, die direkt im Arbeitsraum einer Maschine z.B. durch Werkzeugbruchüberwachung u.ä. erfolgt.

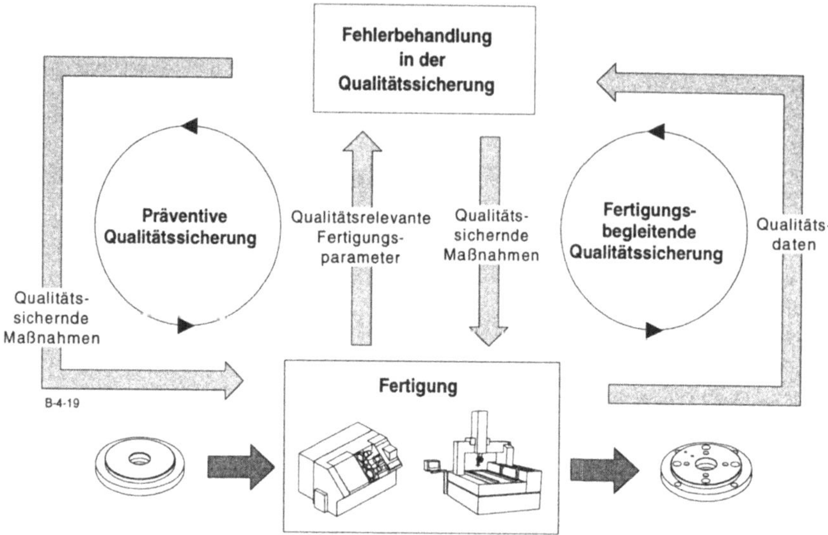

Bild 4.16: Aufgaben der Fehlerbehandlung

Diese Aufgaben werden von internen Regelkreisen innerhalb des technischen Systems wahrgenommen. Sie dient vielmehr der qualitativen Betrachtung der Werkstück-Istwerte, die im Rahmen von Werkstückmessungen in regelmäßigen Abständen ermittelt werden. Durch die Interpretation der Meßwerte sollen die an einem Produkt entstandenen Fehler erkannt werden. Die für diese Fehler verantwortlichen Ursachen sollen im Rahmen einer Fehleranalyse ermittelt, die zur Behebung der Fehler notwendigen Maßnahmen generiert und durchgesetzt werden /Bart 90, Hege 91, Pfei 89Be/.

In Bild 4.17 ist der prinzipielle Ablauf der Fehlerbehandlung in flexiblen Fertigungszellen dargestellt. Ausgelöst wird die Fehlerbehandlung entweder durch eine Fehlermeldung oder durch einen Fehlerbehandlungsauftrag eines Systems der Fertigungsleittechnik. Auf der Basis der Qualitätsdaten und des Fehlerwissens werden die Fehlerbehandlungsfunktionen Fehlererkennung, Fehlerlokalisierung und Fehlerbehebung durchlaufen. Resultat der Fehlerbehandlung sind idealerweise eine oder mehrere Maßnahmen zur Behebung der vorliegenden Fehlerursachen. In den folgenden Abschnitten wird die Fehlerbehandlung eingehend beleuchtet. Die Beschreibung der Struktur und der Abbildung des Fehlerwissens erfolgt in Abschnitt 4.4.3, die Vorgehensweise der Fehlerbehandlung in Abschnitt 4.4.4.

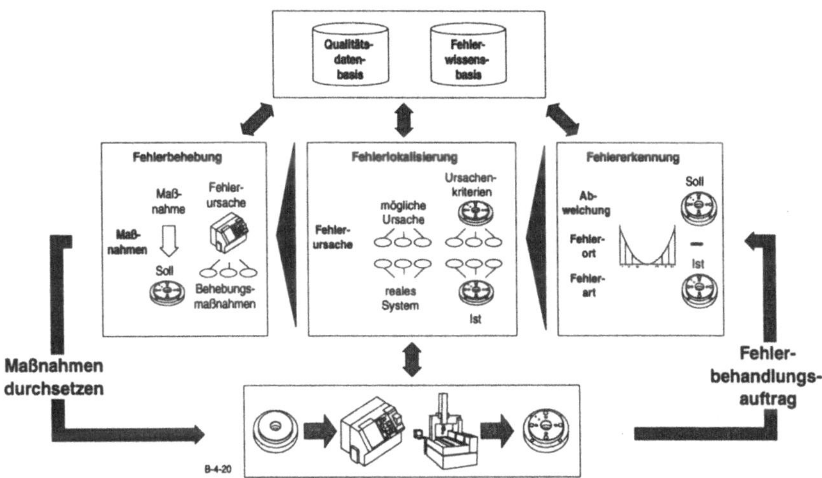

Bild 4.17: Ablauf der Fehlerbehandlung

4.4.3 Fehlerwissen

4.4.3.1 Grundstruktur des Fehlerwissens

Im Rahmen der herkömmlichen Verfahren zur Fehlerbehandlung, die in einer manuellen Fertigung angewandt werden, erfolgt die Analyse der entstandenen Fehler anhand des Erfahrungs- und Expertenwissens, das der Maschinenbediener im Laufe seiner Tätigkeit an dem entsprechenden Bearbeitungssystem erworben hat. Für eine rechnergestützte Umsetzung der Fehlerbehandlung ist es daher erforderlich, dieses sonst nur dem Bediener zur Verfügung stehende Wissen verarbeitungsgerecht und vollständig abzubilden. Die notwendige Wissensbasis muß während des Einsatzes um die neugewonnenen Erkenntnisse erweitert werden können. Das Wissen darf daher kein statisches Verhalten aufweisen, sondern muß dynamisch an die sich ändernden Anforderungen anpaßbar sein. Das erforderliche Wissen setzt sich aus den in Bild 4.18 dargestellten Bestandteilen zusammen /Perm 90/. Die für die Fehlerbehandlung notwendige Wissensbasis läßt sich in die Bereiche

- Fehlergrundwissen und
- fehlerspezifisches Wissen

unterteilen.

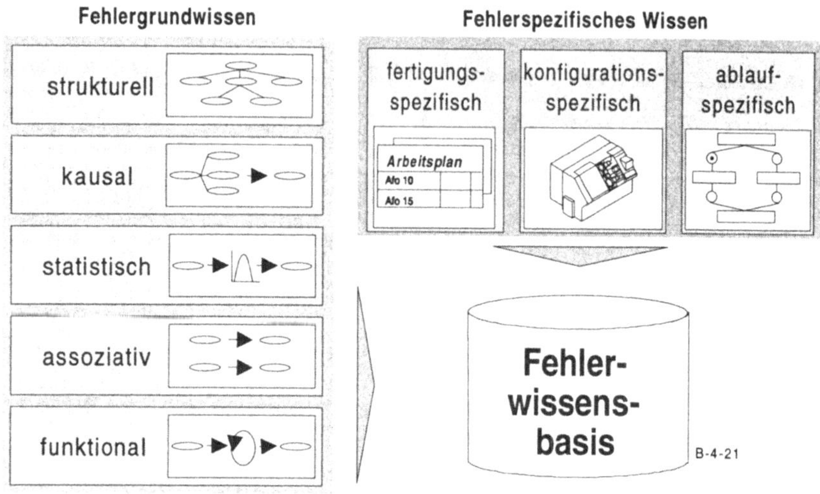

Bild 4.18: Bestandteile der Wissensbasis zur Fehlerbehandlung

Das *Fehlergrundwissen* stellt einen anwendungsneutralen Bestandteil der Wissensbasis dar. Das allgemeine Wissen über potentielle Fehler und über mögliche Beziehungen der Fehler untereinander wird abgebildet. Weiterhin beinhaltet es spezielles Wissen über die Anwendung des Fehlerwissens in der Fehlerbehandlung. Die einzelnen Bestandteile des Fehlergrundwissens,

- das strukturelle Fehlerwissen,
- das kausale Fehlerwissen,
- das statische Fehlerwissen,
- das assoziative Fehlerwissen und
- das funktionale Fehlerwissen

werden im folgenden kurz beschrieben.

Das *strukturelle Fehlerwissen* beinhaltet das neutrale Wissen über die Struktur möglicher Fehler. Ein Fehler wird durch den Fehlerort, die Fehlerart und die Fehlerursache charakterisiert. Innerhalb des strukturellen Fehlerwissens ist das gesamte benötigte Wissen über mögliche Fehlerorte, Fehlerarten und Fehlerursachen abgebildet. Es wird durch das strukturelle Wissen über Maßnahmen, die zur Behebung von Fehlern verwendet werden können, ergänzt.

Das *kausale Fehlerwissen* beinhaltet das Wissen, mit dem begründete, kausale Zusammenhänge zwischen den einzelnen Bestandteilen des strukturellen Fehlerwissens erkannt werden können. Kausalität bedeutet in diesem Zusammenhang, daß das Zutreffen einer Annahme von dem Zutreffen verschiedener Symptome abhängig gemacht werden kann.

Das *statistische Fehlerwissen* beinhaltet das Wissen, mit dem Zusammenhänge zwischen den Bestandteilen des strukturellen Fehlerwissens auf der Basis von mathematischen Gegebenheiten oder Wahrscheinlichkeiten erkannt werden können. Die Wahrscheinlichkeit des Zutreffens einer Annahme wird dabei in der Regel anhand der Häufigkeit des in der Vergangenheit ermittelten Zutreffens der Annahme bewertet.

Das *assoziative Fehlerwissen* verbindet die Bestandteile des strukturellen Fehlerwissens, unabhängig von bestimmten Voraussetzungen. Die einmal erkannte Verbindung beruht in der Regel auf den Erfahrungen, die ein Maschinenbediener gemacht hat.

Funktionales Fehlerwissen unterstützt die Anwendung und Verarbeitung des Fehlerwissens auf programmtechnischer Ebene. Es stellt anwendungsneutrale Funktionen zur Verfügung, auf die während der Fehlerbehandlung zugegriffen werden muß. Dazu gehören vor allem die Funktionen, die das kausale und statistische Fehlerwissen auf ihr Zutreffen hin überprüfen.

Neben dem Fehlergrundwissen, das anwendungsneutral ist und somit unabhängig von den jeweiligen Problemstellung eingesetzt werden kann, beinhaltet die Wissensbasis auch *fehlerspezifisches Wissen*. Dieses Wissen ist anwendungsspezifisch und muß entweder vor einer Fehlerbehandlung im Rahmen einer Konfigurationsphase oder während der Fehlerbehandlung durch einen Datenaustausch mit den Systemen der Fertigungsleittechnik erworben werden. Das fehlerspezifische Wissen beinhaltet

- fertigungsspezifisches Wissen,
- konfigurationsspezifisches Wissen und
- ablaufspezifisches Wissen.

Das *fertigungsspezifische Wissen* beinhaltet alle Daten, die in direkter Verbindung mit der Herstellung eines Werkstückes stehen. *Konfigurationsspezifisches Wissen* gibt Aufschluß über den Aufbau der verschiedenen Komponenten eines Bearbeitungssystems. Anhand des *ablaufspezifischen Wissens* kann der Vorgang der Werkstückbearbeitung nachvollzogen werden. Wie aus dieser Darstellung ersichtlich ist, besteht das fehlerspezifische Wissen aus den Daten, die im produktzentrierten Qualitätsdatenmodell abgebildet sind. Daher soll auf diesen Wissensbestandteil nicht weiter eingegangen werden.

Die Fehlerbehandlung erfolgt unter Zuhilfenahme beider Wissensbestandteile. Dabei bildet das Grundwissen die allgemeine, fehlerunabhängige Vorgehensweise, die durch das fehlerspezifische Wissen auf den jeweiligen Anwendungsfall spezialisiert wird. Da das fehlerspezifische Wissen bereits eingehend beschrieben worden ist und die Beschreibung des kausalen, statistischen, assoziativen und funktionalen Wissens in Zusammenhang mit den Funktionen Fehlererkennung, Fehlerlokalisierung und Fehlerbehebung dargestellt wird, erfolgt nun eine detailliertere Beschreibung des strukturellen Fehlerwissens.

4.4.3.2 Abbildung des strukturellen Fehlerwissens

Ein Fehler wird allgemein durch den Fehlerort, die Fehlerart, die Fehlerursache und, ergänzend hierzu, durch die Fehlerbehebungsmaßnahme dargestellt. Die Ermittlung dieser Daten ist Aufgabe der Fehlerbehandlung. In der flexiblen Fertigung innerhalb einer komplexen Fertigungszelle kann ein Fehler an einer Vielzahl von Orten, in den unterschiedlichsten Arten und aufgrund vielfältiger Ursachen entstehen und durch eine Vielzahl von Maßnahmen behoben werden. Die relevanten Kombinationen dieser vier Fehlergrundobjekte müssen vollständig im strukturellen Fehlerwissen einer Wissensbasis abgebildet werden.

Die Fehlerbehandlung kann prinzipiell auf den deduktiven Suchvorgang in einem Fehler- oder Strukturbaum zurückgeführt werden. Dabei kann ausgehend von einer allgemeinen Annahme, dem sogenannten top-event, über mehrere Detaillierungsschritte innerhalb des Strukturbaumes solange gesucht werden, bis eine befriedigende Erklärung für das top-event gefunden worden ist. In einem Fehler- bzw. Strukturbaum kann das strukturelle Fehlerwissen in einer rechentechnisch geeigneten Form abgebildet werden (Bild 4.19).

Innerhalb der vier Fehlergrundobjekte des Strukturbaums Fehlerort, -art, -ursache und -behebungsmaßnahme können die einzelnen Bestandteile dieser Objekte hierarchisch gegliedert werden. Sie stellen die Knoten des Strukturbaumes dar. Die Verbindungen der einzelnen Knoten werden durch 'Ist-Ursache-von'- oder 'Ist-Bestandteil-von'-Relationen gebildet. Die verschiedenen Relationen werden während des Suchvorgangs - unter Anwendung des funktionalen Fehlerwissens auf das fehlerspezifische Wissen - auf ihr Zutreffen hin untersucht. In den folgenden Abschnitten werden die Bestandteile der Fehlergrundobjekte Fehlerort, Fehlerart, Fehlerursache und Fehlerbehebungsmaßnahme dargestellt.

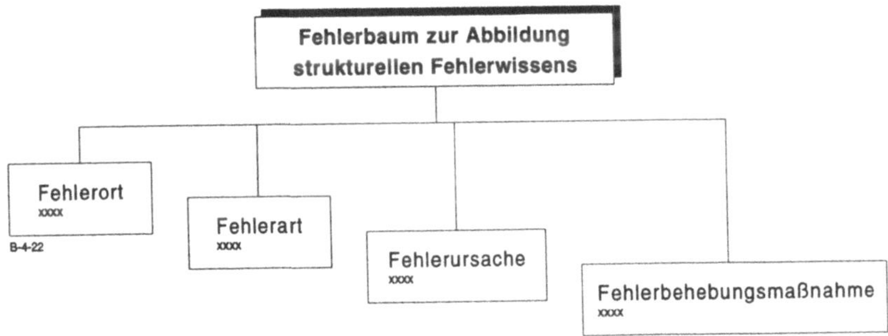

Bild 4.19: Strukturbaum des strukturellen Fehlerwissens

Fehlerort

Unter dem Oberbegriff Fehlerort werden alle Orte, an denen Fehler auftreten können, zusammengefaßt. Die Kenntnis über die möglichen Orte innerhalb einer Fertigungszelle, an denen Fehler entstanden sein können, bildet die Grundlage für eine gezielte Vorgehensweise bei der Suche nach aufgetretenen Fehlern. Das Fehlerwissen stellt keine spezifische Abbildung der Komponenten einer bestimmten Fertigungszelle dar. Erst durch die Einbeziehung des konfigurationsspezifischen Wissens über die Systemstruktur wird eine anwendungsbezogene Fehlerwissensbasis geschaffen.

Die Fehlerorte innerhalb einer flexiblen Fertigungszelle lassen sich in die Hauptgruppen Fertigungseinrichtung, Transportsystem, Meß- und Prüfmittel, Steuerung und Werkstück unterteilen. Für die einzelnen Hauptgruppen lassen sich weitere Unterteilungen vornehmen, wie z.B. die Einteilung der Fertigungseinrichtung in die Gruppen Maschine, Vorrichtung, Palettenwechsler, Werkzeug, Werkzeugspeicher, Werkzeugwechsler und Späneentsorgung. Die hierarchische Unterteilung der Fehlerorte führt zu einem Strukturbaum, in dem das Wissen abgelegt ist (Bild 4.20).

Die Fehlerorte besitzen im Rahmen der Fehlerbehandlung große Bedeutung. Die Abbildung muß produktneutral sein, d.h. es müssen, unabhängig von dem jeweiligen Produkttyp, alle potentiellen Fehlerorte berücksichtigt werden. Die eindeutige Kenntnis darüber, an welchem Ort ein Fehler aufgetreten ist, ergibt sich erst aus der zusammenhängenden Betrachtung des ermittelten Fehlerortes und der eindeutigen Identifikation der fehlerhaften Komponente der flexiblen Fertigungszelle bzw. des Werkstücks. Beide Informationen zusammen ermöglichen einen gezielten Einstieg in die weitere analytische Behandlung des erkannten Fehlers.

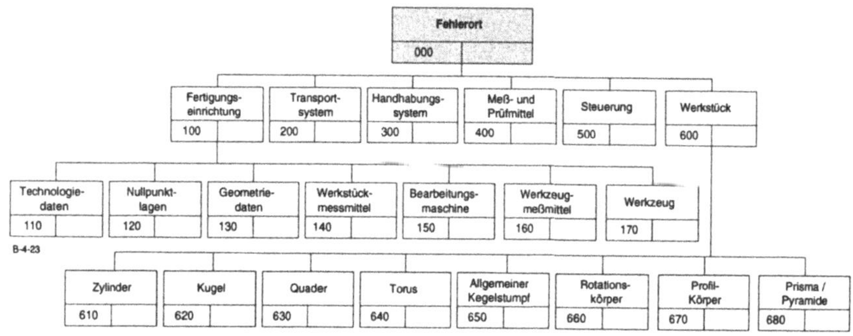

Bild 4.20: Fehlerort - Strukturbaum

Fehlerart

Unter dem Oberbegriff Fehlerart werden alle technisch möglichen Arten von Fehlern zusammengefaßt, die an den unterschiedlichen Fehlerorten innerhalb einer flexiblen Fertigungszelle entstehen können. Diese Fehlerarten lassen sich in die Hauptgruppen Hardware-Fehler, Datenfehler und Werkstückfehler unterteilen (Bild 4.21).

Hardware-Fehler berücksichtigen sämtliche Fehlerarten, die an der gesamten Hardware einer flexiblen Fertigungszelle, wie den Fertigungseinrichtungen, Transporteinrichtungen, Handhabungssystemen sowie Meßgeräten, entstehen können. Die Fehlerarten sind z.B. fehlerhafte oder gebrochene Werkzeuge, defekte oder falsche Prüf- und Meßmittel, fehlerhafte oder falsche Greifvorrichtungen sowie falsche Transportpaletten. Unzulässige Umgebungstemperaturen fallen ebenfalls unter diese Gruppe der Fehlerarten. Datenfehler berücksichtigen sämtliche Fehlerarten, die innerhalb der Steuerung oder des Informationsflusses der flexiblen Fertigungszelle auftreten können. Dies sind in der Regel Parameter, denen falsche Werte zugewiesen werden. Dieser Fehlerart werden auch die im Rahmen der Werkzeugvermessung fehlerhaft ermittelten Werkzeugdaten, wie Korrekturwerte u.a. zugerechnet.

Die Kenntnis der jeweiligen Fehlerart ergänzt die vorhandenen Informationen über den Fehlerort zu einer vollständigen Beschreibung des aufgetretenen Fehlers. Zusammenhängend betrachtet ermöglichen sie die Vergleichbarkeit von unterschiedlichen Fehlern, die an einem Werkstück oder an den Komponenten der flexiblen Fertigungszelle aufgetreten sind.

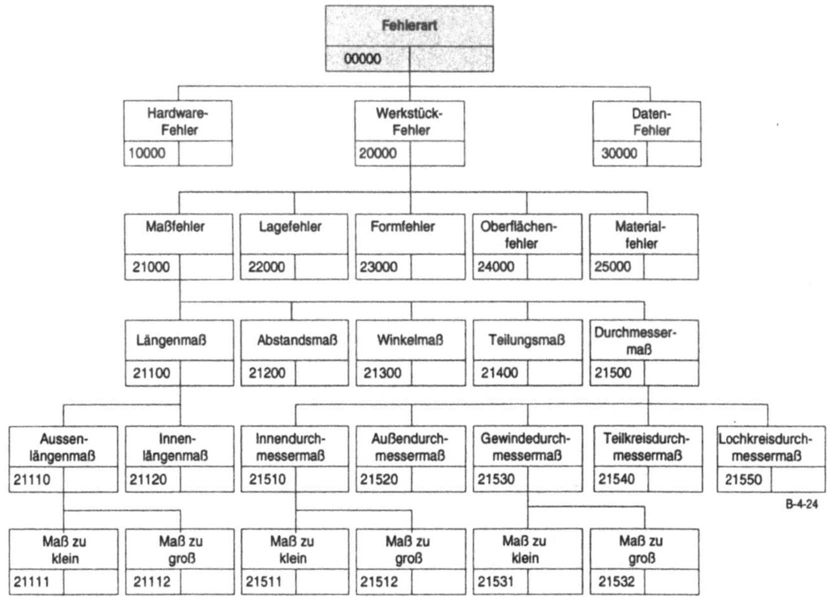

Bild 4.21: Fehlerart - Strukturbaum

Fehlerursache

Unter dem Oberbegriff Fehlerursache werden alle internen und externen Faktoren zusammengefaßt, die für das Auftreten eines Fehlers innerhalb der flexiblen Fertigungszelle verantwortlich sein können. Die Fehlerursachen stellen, den beschriebenen Fehlerkausalitäten entsprechend, ebenfalls Fehler dar. Sie können daher auch als ursächliche Fehler bezeichnet werden. Die möglichen Fehlerursachen können in die Hauptgruppen Auftragsabwicklung, Zeichnung, Stückliste, Arbeitsplan, Betriebsmittel und Bearbeitung unterteilt werden (Bild 4.22).

In den Hauptgruppen technische Zeichnung, Operationsplan, Stückliste und Auftragsabwicklung werden ursächliche Fehler aus dem planerischen Bereich, dem Fertigungsvorfeld zusammengefaßt. Fehler in der Auftragsabwicklung können zur

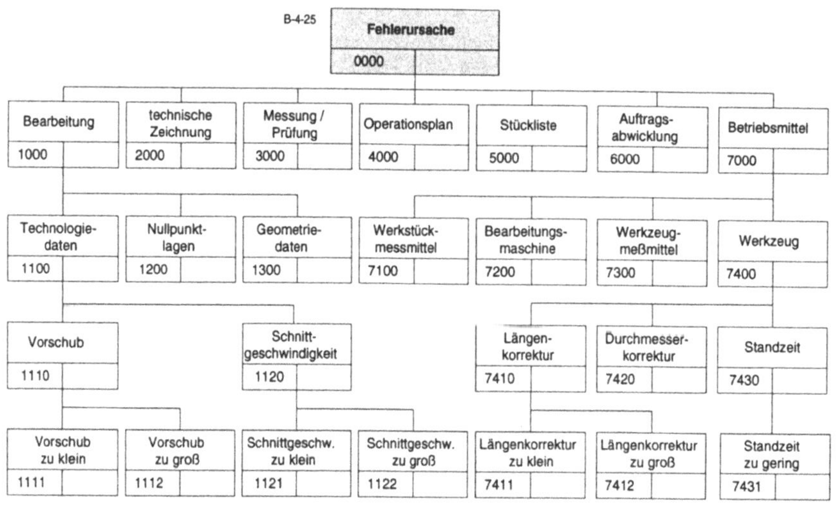

Bild 4.22: Fehlerursache - Strukturbaum

Folge haben, daß Lose auf ungeeigneten Maschinen gefertigt werden. Fehler in der Zeichnung und den Stücklisten führen zu Abweichungen an den bearbeiteten Werkstücken, d.h. die Eigenschaften des Produktes stimmen nicht mit den gewünschten Eigenschaften überein, bzw. es werden falsche Ausgangsprodukte für die Bearbeitung verwendet. Fehler im Operationsplan führen zu einer fehlerhaften Bearbeitungsreihenfolge oder zur Verwendung falscher Bearbeitungsparameter. Zusätzlich sind in dem Operationsplan auch Angaben über die Vorgehensweise bei der Überprüfung der Qualitätsmerkmale enthalten, die bei fehlerhaften Vorgaben zu fehlerhaften Ergebnissen führen können.

Fehler an dem Betriebsmittel Fertigungseinrichtung, wie z.B. verschlissene Führungsbahnen der Werkzeugschlitten einer Drehmaschine, können Ursachen für fehlerhafte Relativbewegungen bei der Zerspanung sein, die sich am Werkstück in Form von Maß-, Lage- oder Formfehlern bemerkbar machen. Eine fehlerhafte Messung von dem Werkstück kann ebenfalls die Ursache für einen erkannten Fehler sein. Beim Werkzeug können fehlerhafte Längen- oder Durchmesserkorrekturen zu Maßfehlern an einem Werkstück führen. Eine zu geringe Standzeit kann ausschlaggebend für eine unzulässige Oberflächenrauhheit sein.

Als Fehlerursachen, die der Bearbeitung zugeordnet werden können, sind fehlerhafte Technologiedaten wie Vorschub und Schnittgeschwindigkeit, die Auswirkungen auf die Oberflächengüte des Werkstückes haben, und Geometriedaten, wie die einzelnen Verfahrwege der Werkzeugschlitten in einem NC-Programm sowie die für die Fertigungseinrichtung und das Werkstück festgelegten Nullpunktlagen zu nennen.

Neben dem rein faktischen Wissen über die möglichen Ursachen, die in einer flexiblen Fertigungszelle auftreten können, ist für die Ermittlung der Fehlerursache weiteres Fehlerwissen, wie kausales, statistisches oder assoziatives Wissen erforderlich, das eine Zuordnung der Fehlerursachen zu den festgestellten Fehlern ermöglicht.

Fehlerbehebungsmaßnahme

Unter dem Oberbegriff Fehlerbehebungsmaßnahme werden sämtliche Maßnahmen zusammengefaßt, die im Rahmen der Fehlerbehandlung auf der Basis der erkannten Fehler und der ermittelten Fehlerursachen getroffen werden können, um die ursächlichen Fehler innerhalb und außerhalb einer flexiblen Fertigungszelle zu beheben. Dabei orientiert sich die Einteilung der Behebungsmaßnahmen an den möglichen Fehlerursachen. Somit ergeben sich zur Fehlerursache analoge Hauptgruppen der potentiellen Fehlerbehebungsmaßnahmen (Bild 4.23).

Die Behebung von Fehlerursachen ist nur durch einen gezielten Eingriff in den Fertigungsprozeß möglich. Liegen die Fehlerursachen in der Auftragsabwicklung, der Zeichnung, der Stückliste oder im Arbeitsplan, so existieren innerhalb flexibler Fertigungszellen nur wenige geeignete Maßnahmen, um diese Ursachen zu beheben. Da es sich hierbei um ursächliche Fehler im Fertigungsvorfeld handelt, können die Behebungsmaßnahmen nur indirekten Einfluß auf das nächste zu bearbeitende Werkstück nehmen. Die Maßnahmen stellen in der Regel Vorschläge zur Änderung von planerischen Vorgabedaten dar, die sich frühestens auf das nächste Fertigungslos auswirken. Direkten Einfluß auf die Produktqualität besitzen Behebungsmaßnahmen, die relevante Parameter des Betriebsmittels oder des Fertigungsprozesses verändern können. Dies sind z.B. für das verwendete Werkzeug die Längen- und Durchmesserkorrekturwerte. Parameter der Bearbeitung sind z.B. die Technologiedaten und die Geometriedaten des verwendeten NC-Programms oder die Nullpunktlagen, die für die Bearbeitung definiert worden sind.

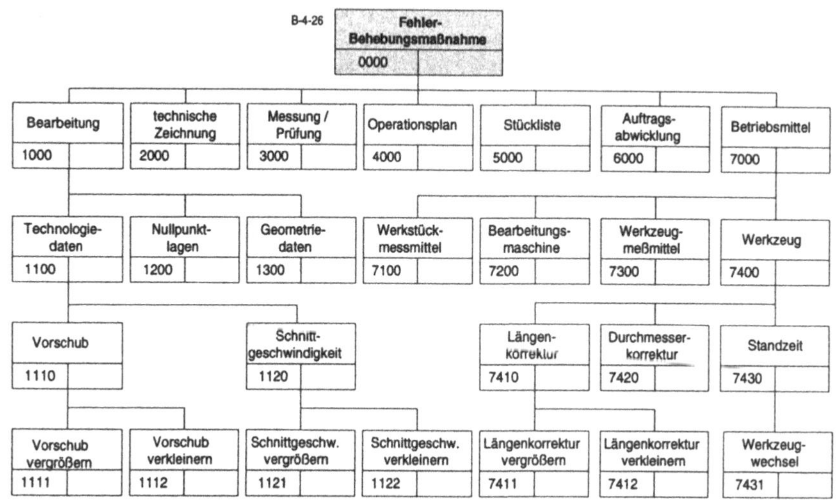

Bild 4.23: Fehlerbehebungsmaßnahme - Strukturbaum

4.4.4 Fehlerbehandlungsfunktionen

4.4.4.1 Fehlererkennung

Die zentrale Aufgabe der Fehlererkennung im Rahmen der Fehlerbehandlung ist die Erkennung von Fehlern, die in einem Fertigungsprozeß auftreten und im weiteren Fertigungsablauf zur Minderung der Produkt- und Prozeßqualität führen können. Die Fehlererkennung bietet zudem die Möglichkeit, einerseits eine Fertigungszelle vor dem Bearbeitungsbeginn auf vorhandene Fehler zu überprüfen, oder andererseits ein gefertigtes Werkstück auf fehlerhafte Qualitätsmerkmale zu kontrollieren.

Die Ergebnisse der Fehlererkennung stellen mit hoher Wahrscheinlichkeit die Fehlerfreiheit dar oder bilden, bei einem erkannten Fehler, den Beginn für eine detaillierte Betrachtung des Fehlers. Im Fall eines aufgetretenen und erkannten Fehlers liefert die Fehlererkennung die genaue Fehlerart und den Ort, an dem der Fehler festgestellt worden ist. Neben diesen allgemeinen Fakten des Fehlers, die bereits im Rahmen des Fehlerwissens beschrieben wurden, sind noch weitere spezifische Informationen, wie z.B. die Intensität des Fehlers oder die Identifikation des fehlerhaften Parameters, notwendig, um den aufgetretenen Fehler möglichst genau charakterisieren zu können. Die Ermittlung dieser Daten gehört ebenfalls zur Fehlererkennung. Die Aussagefähigkeit einer Fehlererkennung hängt in hohem Maße davon ab, inwieweit sämtliche Fehler in einem technischen Prozeß bzw. an einem Werkstück erkannt werden können. Großen Einfluß darauf besitzt die innerhalb der Fertigungszelle vorhandene Meßtechnik. Es können nur Fehler an solchen Qualitätsmerkmalen festgestellt werden, die auch im Rahmen einer Messung überprüft werden können. Allgemein muß für die Fehlererkennung eines jeden zu überwachenden Qualitätsmerkmals ein vorgegebener Sollwert und ein gemessener Istwert vorliegen. Beispielsweise läßt sich die Erkennung von Fehlern an einem Werkstück in drei wesentliche Schritte unterteilen. Es handelt sich hierbei um

- die qualitätsgerechte Abbildung des Werkstückes,
- die Erkennung und Bewertung eines Fehlers und
- die Ermittlung der fehlerbeschreibenden Daten.

Zur Erkennung und Bewertung eines Fehlers sowie zur Ermittlung der fehlerbeschreibenden Daten werden Inferenzverfahren eingesetzt. An diese Inferenzverfahren zur Erkennung der entstandenen Fehler werden hohe Anforderungen bezüglich der Ganzheitlichkeit des Verfahrens gestellt. Ganzheitlichkeit bedeutet, daß das Verfahren in der Lage sein muß, sämtliche Fehler an einem Produkt zu entdecken und daß das Verfahren auf alle möglichen Werkstücktypen angewendet werden kann. Neben den produktneutralen Daten, wie Fehlerart und Fehlerort, müssen auch produktspezifische Daten, wie Identifikationen von Operationsschritt und Istwert sowie die Intensität der Abweichung, im Rahmen der Fehlererkennung ermittelt werden. Das Inferenzverfahren vereinigt somit strukturelles und funktionales Fehlerwissen sowie fehlerspezifische Informationen der Qualitätsdatenbasis. Der Inferenzmechanismus verläuft in der vorgegebenen Reihenfolge (Bild 4.24):

- Modellierung des Werkstücks,
- Klassifizierung der Fehler,
- Ermittlung der Fehlerorte und
- Ermittlung der Fehlerarten.

Die Modellierung des Werkstücks bereitet das in der Qualitätsdatenbasis abgelegte fehlerspezifische Wissen in der oben beschriebenen Form auf. Der Suchvorgang nach dem Fehlerort beginnt mit der Eintrittsbedingung des Strukturbaums Fehlerort. Zur Überprüfung der einzelnen Relationen, die zwischen den Knoten des Strukturbaums bestehen, greift das Inferenzverfahren auf funktionales Wissen zurück. Das funktionale Wissen überprüft das Zutreffen einer vorgegebenen Beziehung anhand des Produktmodells. Dabei ist es möglich, daß eine Relation im Strukturbaum mehrmals am Produkt erkannt wird. Am Ende eines Suchpfades, dies ist der unterste Knoten in der Baumhierarchie, der auch als Blatt bezeichnet wird, liegt dann eine Liste sämtlicher, für den entsprechenden Fehlerort zutreffender Qualitätsmerkmale vor. Die in der Liste eingetragenen Qualitätsmerkmale werden anschließend, entsprechend der beschriebenen Klassifizierung, auf das Vorhandensein eines Fehlers überprüft. Die spezifischen Daten der als fehlerhaft erkannten Merkmale werden in eine Fehlerliste eingetragen und durch die jeweilige Fehlerort-Identifikation des Strukturbaums ergänzt. Die Suche nach Fehlerorten wird erst beendet, wenn sämtliche mögliche Suchpfade des Strukturbaums abgearbeitet sind.

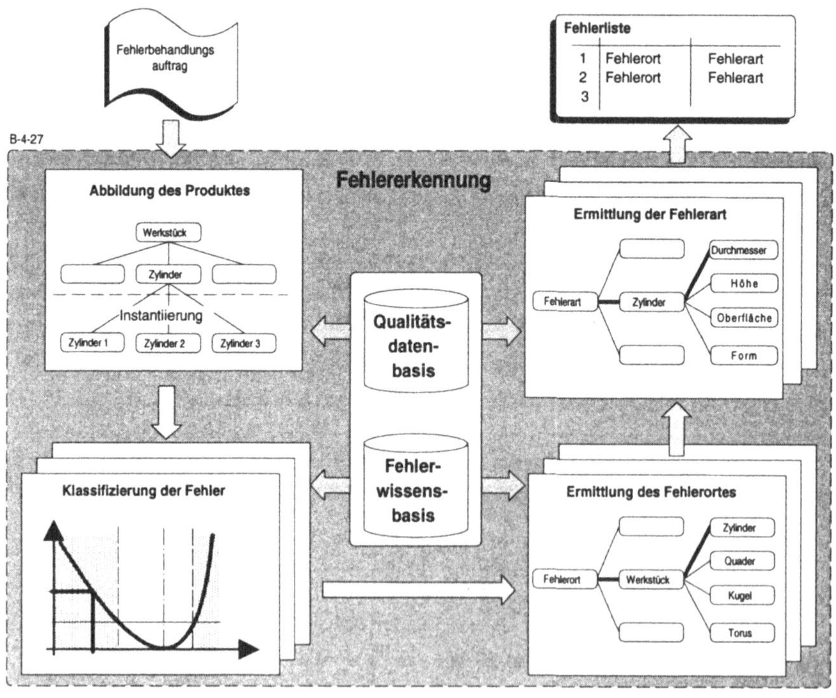

Bild 4.24: Inferenzverfahren der Fehlererkennung

Die Ermittlung der Fehlerart erfolgt analog zur Ermittlung des Fehlerortes. Bei diesem Suchvorgang können die jeweiligen Relationen zwischen den Knoten des Strukturbaums anhand der Datenelemente der Fehlerliste verifiziert oder falsifiziert werden. Die Blätter des Strukturbaums der Fehlerart stellen das gesuchte Ergebnis dar, dessen Zutreffen durch die Überprüfung der letzten Relation bestimmt wird. Der Suchvorgang endet wiederum erst dann, wenn alle Suchpfade des Strukturbaums durchlaufen wurden oder alle Elemente der Fehlerliste durch die entsprechenden Fehlerarten ergänzt worden sind.

Die vollständige Fehlerliste stellt die Ausgangsbasis für eine umfassende Analyse des Fehlerfalles dar, in der die verantwortlichen Fehlerursachen ermittelt werden sollen.

4.4.4.2 Fehlerlokalisierung

Die Aufgabe der Fehlerlokalisierung besteht darin, für einen Fehler, der innerhalb des Fertigungsprozesses oder an einem bearbeiteten Werkstück erkannt worden ist, die Fehlerursachen zu ermitteln. Die Fehlerlokalisierung bildet die Kernfunktion der Fehlerbehandlung. Sie verbindet die auf der Basis bekannter Daten ermittelten Fehler mit den Maßnahmen, die zu der Behebung der für die Fehler verantwortlichen Ursachen führen.

Das Grundproblem der Fehlerlokalisierung liegt in der Zuordnung der verantwortlichen Ursachen zu einem erkannten Fehler. Es muß dabei in der Regel von bekanntem Wissen, dem Fehler, auf unbekanntes Wissen, die Ursache, geschlossen werden. Diese Fähigkeit ist in der Regel nur dem Menschen, also dem Maschinenbediener, vorbehalten, der in der Lage ist, auf der Basis seines Erfahrungs- oder Expertenwissens richtige aussagekräftige Schlußfolgerungen zu ziehen. Das Erfahrungs- oder Expertenwissen setzt sich aus gewonnenen statistischen, assoziativen und modellbasierten Erkenntnissen zusammen, die der Bediener in der Vergangenheit gesammelt hat. Eine Umsetzung des beschriebenen Schlußfolgerungsverfahrens in einen rechnergestützten Algorithmus erfordert die Abbildung dieses Wissensbestandes in eine verarbeitungsgerechte Form. Das Vorhandensein geeigneten Fehlerwissens allein reicht jedoch für eine Fehlerlokalisierung nicht aus. Das Fehlerwissen muß auf die fehlerspezifischen Informationen des Fertigungsprozesses und des Werkstückes angewendet werden. Dafür müssen diese Daten der Fehlerlokalisierung in aktueller Form verfügbar gemacht werden.

In den folgenden Abschnitten werden die wesentlichen Bestandteile der Fehlerlokalisierung, d.h.

- die Suche im Ursachensuchraum,
- die Hypothesenbildung und -verifikation sowie
- die Inferenzverfahren zur Fehlerlokalisierung

beschrieben.

Suche im Ursachensuchraum

Die Suche nach der für einen Fehler verantwortlichen Ursache unter Berücksichtigung aller qualitätsrelevanten Einflußparameter des Fertigungsprozesses, stellt aufgrund der großen Anzahl der zu berücksichtigenden Parameter einen zeitaufwendigen Vorgang dar. Da für die Überprüfung des Zutreffens einer Fehlerursache neben den Daten, die im System vorhanden oder in der Qualitätsdatenbasis abgelegt sind, zusätzlich auch aktuelle Daten aus dem Fertigungsprozeß, wie z.B. aus der Maschinensteuerung, abgerufen werden müssen und dies zu einer Erhöhung des Zeitaufwands führt, muß eine Möglichkeit geschaffen werden, den Suchraum auf der Basis bereits vorhandener Informationen einzugrenzen.

Der Eingrenzung des Ursachensuchraums wird zugrundegelegt, daß die möglichen Fehlerursachen den unterschiedlichen Komponenten einer Fertigungszelle zugeordnet werden können. So lassen sich z.B. alle möglichen fehlerhaften Korrekturwerte eines Werkzeuges unter dem Suchraum "Werkzeug" zusammenfassen. Weiterhin wird vorausgesetzt, daß die möglichen Ursachen zu einem charakteristischen Fehlerbild an einem bearbeiteten Werkstück führen. Die Charakteristika eines Fehlerbildes sollen im weiteren Verlauf auch Fehlersymptome genannt werden. Für die Gesamtheit der Fehlersymptome soll der Begriff Fehlermuster stehen.

Die Einschränkung des Ursachensuchraumes stellt ein Verfahren des Mustervergleichs zwischen den Merkmalen des realen Werkstücks und dem zu überprüfenden Fehlermuster dar. Diese Vorgehensweise ist in Bild 4.25 schematisch dargestellt.

Bei der Mustererkennung ist wichtig, daß neben den fehlerhaften auch die fehlerfreien Merkmale eines Werkstücks berücksichtigt werden. Durch sie können wichtige Zusammenhänge bei der Fehlerentstehung erkannt oder ausgeschlossen werden. Im folgenden sollen beispielhaft die Fehlersymptome für Werkzeugfehler erläutert werden.

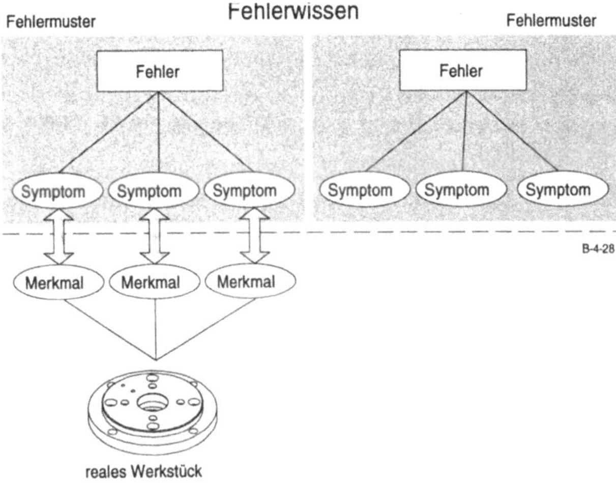

Bild 4.25: Vorgehensweise bei der Mustererkennung

Liegt die Fehlerursache im Bereich der Werkzeugdaten, so setzt dies voraus, daß an allen Merkmalen, die mit diesem Werkzeug bearbeitet wurden, Abweichungen aufgetreten sind. Als Fehlersymptome, die am Werkstück zu überprüfen sind, lassen sich nennen:

- alle mit einem Werkzeug bearbeiteten Merkmale weisen Abweichungen auf,
- alle mit einem Werkzeug bearbeiteten Merkmale weisen Abweichungen in der gleichen Wirkrichtung auf und
- alle mit einem Werkzeug bearbeiteten Merkmale weisen Abweichungen in der gleichen Größenordnung auf.

Die Fehlersymptome sind charakteristisch für verschiedene Ursachensuchräume, sie sind jedoch nicht eindeutig. D.h. es können sich im Verlauf der Überprüfung der einzelnen Fehlersymptome auch mehrere Ursachensuchräume als zutreffend erweisen. Eine zweifelsfreie Erkennung, wo die verantwortliche Ursache lokalisiert ist, ist ausschließlich auf der Basis der produktspezifischen Daten nicht möglich. Es können jedoch bestimmte Gruppen von Ursachen ausgeschlossen werden. Dies führt zu einer erheblichen Zeitersparnis bei den nachfolgenden Fehlerlokalisierungsvorgängen.

Hypothesenbildung und -verifikation

Für die Entstehung von Fehlern an einem Werkstück sind Fehler der qualitätsrelevanten Einflußparameter des Fertigungsprozesses, des Systems Fertigungszelle und der Systemumwelt verantwortlich. Ziel der Fehlerbehandlung ist die Ermittlung und Behebung dieser Fehler, damit deren negative Auswirkungen auf das Fertigungsergebnis, speziell auf das Werkstück, im weiteren Verlauf des Fertigungsprozesses vermieden werden können. In einer flexiblen Fertigungszelle können zwei Arten von Fehlern an den relevanten Einflußparametern auftreten:

- Fehler, die datentechnisch erkennbar sind und
- Fehler, die datentechnisch nicht erkannt werden können.

Die Fehler, die datentechnisch erkannt werden können, treten an qualitätsrelevanten Parametern in Form von fehlerhaften Werten auf. Sie können durch Soll/Ist-Vergleiche erkannt werden, d.h. es tritt eine Differenz zwischen dem geforderten und dem ermittelten Wert dieses Parameters auf. Fehler, die datentechnisch nicht erkannt werden können, weisen im Rahmen eines Soll/Ist-Vergleichs keine Abweichung zwischen dem geforderten und dem realen Wert eines Parameters auf. Solche Fehler können entstehen, wenn z.B. der Vorgabewert falsch ist oder wenn das datentechnische Abbild mit dem technischen System nicht übereinstimmt. Ein fehlerhaftes Systemabbild kann z.B. durch ein falsches Werkzeug, das irrtümlich in den Werkzeugrevolver eingesetzt wird, entstehen. Durch einen Vergleich der geplanten Vorgabedaten und der Daten innerhalb der Systemsteuerung ist dieser Fehler nicht zu erkennen.

Ein Ansatz, dieses Defizit auszugleichen, besteht in der Nachahmung der dem Menschen eigenen Fähigkeit, Probleme analytisch zu lösen. Der Maschinenbediener würde, nachdem er einen Fehler an einem Werkstück erkannt hat, versuchen, die mögliche Entstehung dieses Fehlers zu rekonstruieren, bevor er mit der Suche nach den Gründen dieses Fehlers beginnt. Die einzelnen Entstehungsalternativen würde er anschließend anhand von Kriterien überprüfen, um so iterativ zum Ziel zu gelangen. Die datentechnische Umsetzung dieser Vorgehensweise ist in Bild 4.26 dargestellt.

Vor der gezielten Suche nach der Fehlerursache werden Fehlerhypothesen aufgestellt. Die Hypothesen geben inhaltlich die möglichen Alternativen einer Fehlerentstehung wieder. Die Revision dieser Fehlerhypothesen erfolgt anhand eindeutiger Symptome, die Aufschluß über das Zutreffen oder Nicht-Zutreffen dieser Behauptungen geben. Die Symptome sind Zustände oder Parameterwerte innerhalb des

Fertigungsprozesses, die zur Erfüllung einer Hypothese bestimmte Eigenschaften besitzen müssen. Zur Überprüfung der Symptome muß direkt auf die Daten innerhalb der Steuerung und der Daten, die in den Systemen der Fertigungsleittechnik vorhanden sind, zugegriffen werden. Die Festlegung von Fehlerhypothesen in der Phase der Systementwicklung muß unter Berücksichtigung des Erfahrungswissens eines Maschinenbedieners erfolgen.

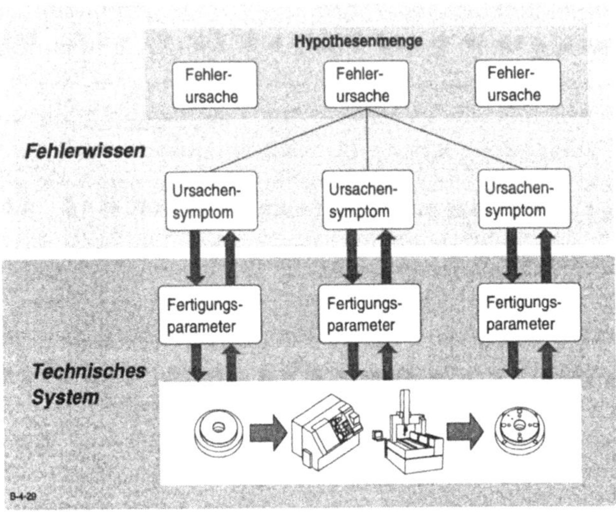

Bild 4.26: Hypothesenbildung

Im folgenden wird die Hypothesenbildung und -verifikation beispielhaft anhand der Hypothesen, die für Fehlerursachen an einem Werkzeug festgelegt werden können, erläutert. Die Entstehungsalternativen der Fehler, die an einem Werkzeug auftreten können und die Ursache für Fehler an bearbeiteten Werkstücken sind, lassen sich in die vier Hypothesen

- Werkzeugabnutzung,
- Tippfehler,
- Schwesterwerkzeug und
- Werkzeugmessung

zusammenfassen.

Die *Werkzeugabnutzung* berücksichtigt, daß ein Werkstückfehler durch einen zu großen Verschleiß des bearbeitenden Werkzeugs entsteht. Bei der Werkzeugabnutzung wird anhand der Korrekturwerte und der Standzeit überprüft, ob der zu erwartende Verschleiß der Werkzeugschneiden zu dem entstandenen Fehler am Werkstück geführt haben kann. Der *Tippfehler* berücksichtigt, daß ein Werkstückfehler durch Korrekturwerte entstehen kann, die vom Systembediener fehlerhaft in die Steuerung übertragen worden sind. Bei den Tippfehlern wird überprüft, ob die Korrekturwerte in der Maschinensteuerung mit den geforderten Werten übereinstimmen. Der *Schwesterwerkzeugfehler* berücksichtigt, daß bei der Werkzeugbestückung eines Werkzeugrevolvers anstatt des geforderten Werkzeugs ein Schwesterwerkzeug eingesetzt worden ist. Ein Schwesterwerkzeug ist ein prinzipiell gleiches Werkzeug, das jedoch aufgrund der Montage leicht abweichende Korrekturwerte aufweist. Die *Werkzeugmessung* berücksichtigt, daß bei der Messung des Werkzeugs nicht die richtigen Korrekturwerte ermittelt worden sind.

Die Definition und die Überprüfung der einzelnen für die Verifikation der Fehlerhypothesen erforderlichen Symptome stellen ein hohes Maß an kausaler Wissensverknüpfung dar. Durch die Überprüfung bestimmter Tatbestände und Symptome wird dabei auf die Zutreffenswahrscheinlichkeit einer Hypothese geschlossen. Die Hypothesen müssen in ihrer Gesamtheit in einer definierten Reihenfolge betrachtet werden, da der Ausschluß vorangegangener Hypothesen die Aussagefähigkeit einer nachfolgenden Hypothese entscheidend mitbestimmt.

Inferenzverfahren zur Fehlerlokalisierung

Die erfolgreiche Behebung von Fehlern, die an einem Werkstück aufgetreten sind, ist nur dann möglich, wenn die verantwortlichen Fehlerursachen lokalisiert werden können. Damit ein Fehler als ausschlaggebend für das Auftreten nachfolgender Fehler erkannt wird, ist die Berücksichtigung des umfassend abgebildeten Erfahrungswissens notwendig. Eine getroffene Schlußfolgerung darf gegen keinen im Fehlerwissen abgebildeten Zusammenhang zwischen Ursachen und Wirkungen verstoßen, da sonst die Aussagefähigkeit der Fehlerbehandlung nicht gegeben ist. Der Erfolg der Fehlerlokalisierung hängt davon ab, ob alle für die Fehler verantwortlichen Ursachen erkannt werden. Schon eine einzige nicht entdeckte Fehlerursache führt zum erneuten Auftreten von Qualitätsverlusten des Produktes bzw. des Fertigungsprozesses. Im folgenden soll nun das konzipierte Inferenzverfahren zur Fehlerlokalisierung beschrieben werden, mit dem die gestellten Anforderungen an die Fehlerlokalisierung erfüllt werden können. Dieses Verfahren ist schematisch in Bild 4.27 dargestellt.

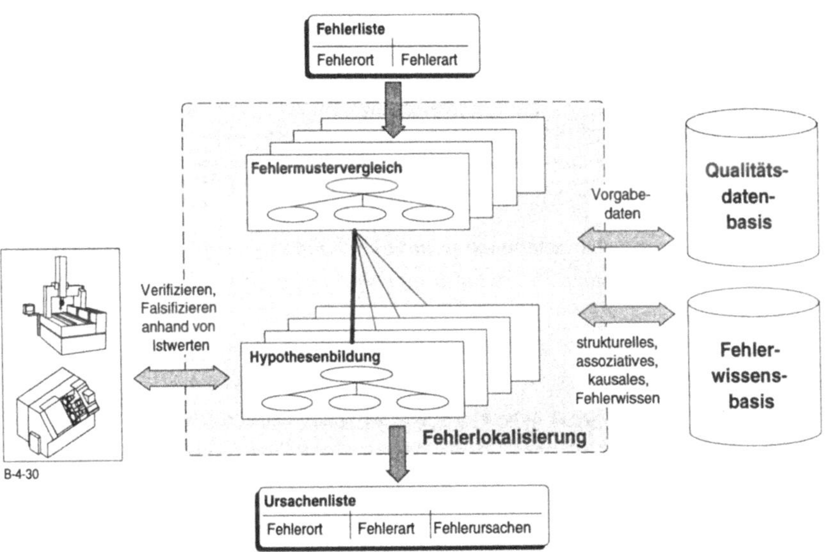

Bild 4.27: Inferenzverfahren der Fehlerlokalisierung

Die Grundlage für die Suche nach den Fehlerursachen bildet die Fehlerliste und das strukturelle Fehlerwissen, das im Strukturbaum der Fehlerursachen abgebildet ist. Dem Suchvorgang innerhalb des Strukturbaumes wird die "breadth-first"-Strategie (Breitensuche) zugrunde gelegt. Die Breitensuche überprüft zuerst alle gegebenen Relationen der Knoten einer Hierarchieebene des Strukturbaums zur nächst tieferen Ebene, bevor eine Entscheidung darüber getroffen wird, welcher Suchpfad weiterverfolgt werden soll. Diese Vorgehensweise ist erforderlich, da erst die Berücksichtigung aller, bei der Überprüfung der Relationen ermittelten Ergebnisse eine Beurteilung des weiteren Vorgehens zuläßt. Die Überprüfung der Relationen im Strukturbaum erfolgt in den zwei Schritten

- Fehlermustervergleich zur Eingrenzung des Suchraums auf der ersten Hierarchieebene des Strukturbaums, und
- Hypothesenbildung und -verifikation zur Lokalisierung der Fehlerursache auf der zweiten Hierarchieebene des Strukturbaums.

Beim Fehlermustervergleich und bei der Hypothesenbildung erfolgt die Überprüfung der Relationen anhand von definierten Symptomen, die sich auf das fehlerbehaftete Werkstück bzw. auf den Fertigungsprozeß beziehen. Die Beurteilung der Symptome erfordert ein von der klassischen Logik abweichendes Verfahren, da das Zutreffen der Symptome nicht immer mit "uneingeschränkt Ja" oder "uneingeschränkt Nein" klassifiziert werden kann. Vielmehr müssen die Symptome einer Relation zusammenhängend bewertet werden, da nur so die Beziehungen der Symptome untereinander berücksichtigt werden können. Hierfür bietet sich der Einsatz eines regelbasierten Verfahrens auf der Basis der Fuzzy-Logik an.

Für die Überprüfung jeder Relation anhand von Symptomen ist jeweils ein Regelsatz erforderlich. In den Regelsätzen sind sämtliche Symptome in Form von Variablen abgebildet. Die Beziehungen zwischen den Symptomen, die zur Bewertung des Zutreffens der Relation berücksichtigt werden müssen, sind in den einzelnen Produktionsregeln des Regelsatzes abgebildet. Als Ergebnis der Bewertung ermittelt der Regelsatz eine Wahrscheinlichkeit des Zutreffens der jeweiligen Relation. Auf der Basis sämtlicher ermittelter Zutreffenswahrscheinlichkeiten der Relationen auf einer Hierarchieebene des Strukturbaumes legt das Inferenzverfahren eine Reihenfolge fest, in der die weitere Suche erfolgen soll. Relationen, die als nicht zutreffend bewertet wurden, werden vom weiteren Suchvorgang ausgeschlossen.

Durch das hier beschriebene Inferenzverfahren zur Fehlerlokalisierung ist es möglich, eine umfassende Lokalisierung entstandener Fehler durchzuführen und gleichzeitig den dafür erforderlichen Zeitaufwand zu begrenzen. Durch die Abbildung und Anwendung umfangreichen Erfahrungswissens ist eine hohe Aussagefähigkeit der getroffenen Schlußfolgerungen gegeben. Die als Ergebnis der Ursachensuche erstellte Ursachenliste bildet den Ausgangspunkt für eine erfolgreiche Behebung der entstandenen Fehler.

4.4.4.3 Fehlerbehebung

Im Rahmen der Fehlerbehandlung besteht die Aufgabe der Fehlerbehebung darin, geeignete Fehlerbehebungsmaßnahmen zu generieren, mit deren Hilfe die weitere Entstehung von Fehlern vermieden werden kann.

Im Rahmen der automatisierten flexiblen Fertigung können nur solche Ursachen behoben werden, die automatisiert beeinflußt werden können. Weiterhin müssen auch die Auswirkungen einer Behebungsmaßnahme auf andere qualitätsrelevante Merkmale des Fertigungsprozesses und des Werkstücks berücksichtigt werden.

Der Erfolg einer Fehlerbehandlung hängt entscheidend von den Ergebnissen Fehlerbehebung ab. Es muß gewährleistet werden, daß alle erkannten Fehler und ermittelten Fehlerursachen durch die generierten Maßnahmen vollständig behoben werden. Dies setzt voraus, daß die Behebungsmaßnahmen auch an den geeigneten Stellen innerhalb der Fertigungszelle durchgesetzt werden können. Dazu ist die informationsflußtechnische Anbindung an die steuernden Systeme der Fertigungsleittechnik und die Kenntnis über die Kompetenzbereiche dieser Systeme erforderlich. Neben den Maßnahmen, die direkt auf den Fertigungsprozeß einwirken, müssen Erkenntnisse der Fehlerbehandlung aber auch den Systemen im Fertigungsvorfeld zur Verfügung gestellt werden.

In den folgenden Abschnitten werden die beiden wesentlichen Bestandteile der Fehlerbehebung

- die Korrekturwertermittlung und
- die Inferenzverfahren zur Maßnahmengenerierung

beschrieben.

Dabei soll beispielhaft die Behebung der erkannten Fehler an einem bearbeiteten Werkstück und der ermittelten Fehlerursachen durch gezielte Eingriffe in den Fertigungsprozeß betrachtet werden.

Korrekturwertermittlung

Die prinzipielle Frage, welche technischen und organisatorischen qualitätssichernden Maßnahmen in flexiblen Fertigungszellen durchgesetzt werden können, wurde in Abschnitt 2.3.3 erörtert. Eine technische oder organisatorische Behebungsmaßnahme stellt somit eine anwendungsneutrale Handlungsvorschrift dar, wie z.B. das Verändern eines Werkzeugparameters in der Maschinensteuerung. Diese muß durch einen anwendungsspezifischen Korrekturwert ergänzt werden. Der Korrekturwert gibt an, wie der entsprechende Einflußparameter verändert werden muß, damit eine Fehlerursache behoben werden kann. Für die Ermittlung der Korrekturwerte bieten sich grundsätzlich die zwei Vorgehensweisen

- der Wiederherstellung des vorgegebenen Sollzustandes und
- der Ermittlung eines neuen Sollzustandes an.

Die Korrektur eines als fehlerverursachend erkannten Einflußparameters kann durch die Herstellung des geforderten Sollzustands erfolgen. Diese Vorgehensweise geht von der Annahme aus, daß ein Fehler bei einem korrekten Wert des Einflußparameters nicht aufgetreten wäre. Diese Vorgehensweise kann jedoch nur dann eingesetzt werden, wenn der fehlerhafte Parameter datentechnisch durch einen Soll/Ist-Vergleich ermittelt werden kann.

Die zweite Möglichkeit zur Ermittlung von Korrekturwerten erfolgt durch die Berechnung eines neuen Sollzustands für einen fehlerhaften Einflußparameter. Diese Vorgehensweise ermöglicht die Einbeziehung der in der Fehlererkennung und Fehlerlokalisierung gewonnenen Erkenntnisse. Die Berechnung eines Korrekturwerts erfolgt durch den Vergleich des Istzustands eines Parameters und der daraus entstandenen Abweichung vom geforderten Sollwert des Qualitätsmerkmals. Die Aussagefähigkeit dieser Vorgehensweise wird durch das Vorhandensein weiterer Abweichungen, die auf der gleichen Fehlerursache beruhen, unterstützt. Dabei erfolgt die Berechnung des Korrekturwerts durch den Vergleich des Istzustands des Parameters mit der durchschnittlich aufgetretenen Abweichung.

Im Rahmen der Maßnahmengenerierung müssen beide Vorgehensweisen berücksichtigt und ermöglicht werden. Über die Verwendung einer bestimmten Vorgehensweise muß situationsbezogen entschieden werden.

Inferenzverfahren zur Maßnahmengenerierung

Behebungsmaßnahmen stellen Möglichkeiten dar, mit deren Hilfe direkt oder indirekt auf den technischen Prozeß Einfluß genommen werden kann. Durch sie können die als fehlerverursachend erkannten Einflußparameter korrigiert werden. Grundlage für die Generierung der Behebungsmaßnahmen sind die Erkenntnisse aus der Fehlererkennung und der Fehlerlokalisierung. Das Inferenzverfahren zur Generierung der Behebungsmaßnahmen läßt sich, wie in Bild 4.28 dargestellt in die Bearbeitungsschritte

- Ermittlung der möglichen Behebungsmaßnahmen,
- Ermittlung der Korrekturwerte,
- Erstellung einer Maßnahmenliste,
- Plausibilitätskontrolle der Maßnahmenliste und
- Durchsetzung der Maßnahmen

unterteilen.

Die Ermittlung der geeigneten Maßnahmen zur Behebung der Fehlerursachen erfolgt mit Hilfe des strukturellen Fehlerwissens, das im Strukturbaum Fehlerbehebungsmaßnahme abgebildet ist. Diese Behebungsmaßnahmen werden in Zuordnungslisten den möglichen Fehlerursachen, die innerhalb des Fertigungsprozesses auftreten können, zugeordnet. Auf der Basis der fertigungsbezogenen Konsequenzen, die durch die verschiedenen Eingriffe in den Fertigungsprozeß entstehen, erfolgt die

Auswahl einer Maßnahme. So kann z.B. ein Schwesterwerkzeugfehler zum einen durch einen Werkzeugwechsel und zum anderen durch die Anpassung der Korrekturwerte behoben werden.

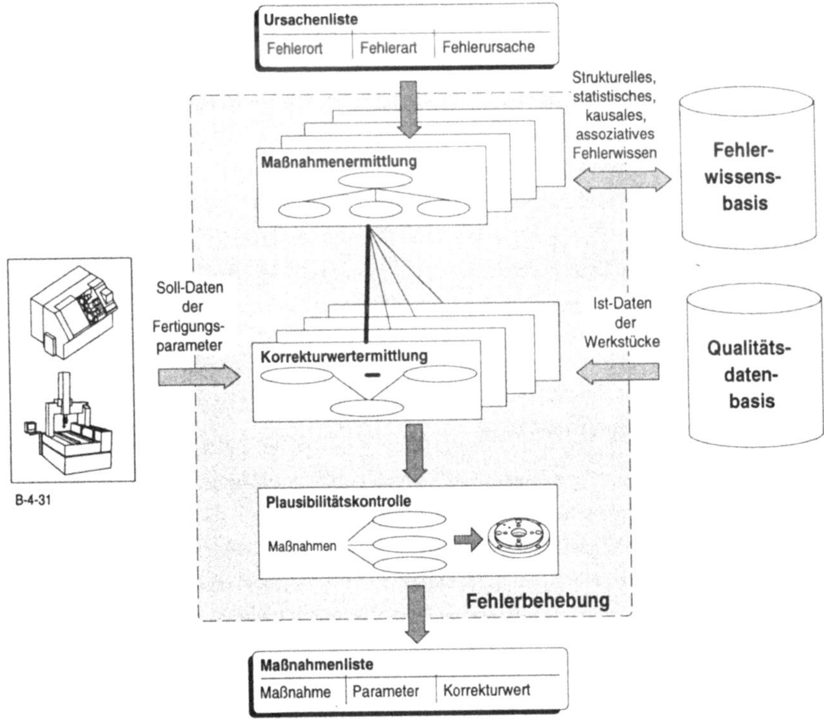

Bild 4.28: Inferenzverfahren der Fehlerbehebung

Im zweiten Schritt, der Ermittlung des Korrekturwerts, wird die gewählte Behebungsmaßnahme durch ursachen- und fehlerspezifische Daten ergänzt. D.h. es werden die entsprechenden Identifikationen der fehlerhaften Einflußparameter ermittelt und die Korrekturwerte berechnet. Die Berechnung der Korrekturwerte erfolgt mit Hilfe der oben beschriebenen Ermittlungsverfahren. Die generierten Fehlerbehebungsmaßnahmen werden anschließend in die Maßnahmenliste eingetragen.

Die in der Maßnahmenliste eingetragenen Behebungsmaßnahmen müssen, bevor sie im technischen Prozeß durchgesetzt werden, auf ihre Auswirkungen hin überprüft werden. Dies geschieht mit Hilfe einer Plausibilitätskontrolle. Es werden dabei alle generierten Maßnahmen in ihrer Gesamtheit überprüft. So können sich überschneidende Behebungsmaßnahmen erkannt und durch eine einzige Maßnahme ersetzt werden.

Die Durchsetzung der Maßnahmen stellt die Umsetzung aller gewonnenen Erkenntnisse der Fehlerbehandlung dar. Dazu werden die generierten Maßnahmen in eine von den Systemen der Fertigungsleittechnik interpretierbare Struktur transformiert und diesen als durchzuführende Handlungsvorschriften vorgegeben. In den Zellenrechnern erfolgt die Durchsetzung sämtlicher technischer Behebungsmaßnahmen, die direkten Einfluß auf die Parameter des technischen Systems und des technischen Prozesses nehmen. Zusätzlich besteht auf der Zellenebene dispositiver Handlungsspielraum bezüglich der in der Zelle eingelasteten Aufträge. Es können hier z.B. Aufträge oder Betriebsmittel gesperrt werden, damit innerhalb einer mannarmen Schicht durch Freigabe eines alternativen Zellenauftrages weitergearbeitet werden kann.

4.5 Zusammenfassung

Im vorangegangenen Kapitel wird das Konzept der integrierten Qualitätssicherung in flexiblen Fertigungszellen vorgestellt. Einleitend wird das Grundkonzept der Bildung von Qualitätsregelkreisen skizziert. Zur Bestimmung des Aufgabenumfangs der Qualitätsregelkreise müssen die Objekte und Aufgaben der integrierten Qualitätsicherung sowie das Wirkungsgefüge eingehend untersucht werden.

Grundlage der Bildung von Qualitätsregelkreisen sind Qualitätsdaten bzw. der transparente Zugriff auf diese Daten. Sie müssen definiert und strukturiert werden. In Abschnitt 4.3 werden die Qualitätsdaten festgelegt und der Aufbau und die Struktur eines produktspezifischen Qualitätsdatenmodells erörtert.

Kern der integrierten Qualitätssicherung ist die Behandlung von Fehlern, die zu Qualitätsverlusten führen können. Nach der Aufgabenverteilung und der Strukturierung der Qualitätssicherung werden die Aufgaben der Fehlerbehandlung näher beleuchtet und in ihrer Funktionsweise konzipiert. Das zur Fehlerbehandlung benötigte Fehlerwissen wird strukturiert und die einzelnen Bestandteile der Fehlerwissensbasis untersucht. Anschließend werden die Fehlerbehandlungsfunktionen Fehlererkennung, Fehlerlokalisierung und Fehlerbehebung in ihrer Funktionsweise erläutert und in Zusammenhang gebracht.

5 Realisierung der integrierten Qualitätssicherung in flexiblen Fertigungszellen

5.1 Einführung

Im folgenden Kapitel wird die Realisierung des in Kapitel 4 beschriebenen Konzepts der integrierten Qualitätssicherung in flexiblen Fertigungszellen beschrieben. Sie basiert auf Vorarbeiten, die in Form der System- und Entwicklungsumgebung zur Verfügung standen. Es handelt sich hierbei um die flexible Fertigungssystemumgebung des iwb sowie um die bestehenden Systeme der Fertigungsleittechnik und der darauf aufgebauten Steuerungsstruktur.

Die Integration der Qualitätssicherung in flexiblen Fertigungszellen wird durch die Verteilung der Qualitätssicherungsaufgaben und -funktionalitäten sowie durch die datentechnische und informationsflußtechnische Integration der qualitätsrelevanten Daten und der Qualitätssicherungsfunktionalitäten erreicht.

Die einzelnen realisierten Bausteine des Qualitätssicherungskonzepts - Qualitätsdatenbasis, qualitätssicherungsgerechte Anbindung der Komponenten von Fertigungszellen, Qualitätssicherungsprozeß im Zellenrechner sowie System zur Unterstützung qualitätssichernder Entscheidungen (QDS **Q**uality **D**ecision **S**upport) - werden im einzelnen detailliert vorgestellt. Ein Beispiel der integrierten Qualitätssicherung in flexiblen Fertigungszellen schließt das Kapitel ab.

5.2 System- und Entwicklungsumgebung

Das flexible Fertigungssystem am iwb bildet die Grundlage für die Realisierung des Konzepts der integrierten Qualitätssicherung. Der für diese Arbeit relevante Teil des flexiblen Fertigungssystems besteht aus einer Bearbeitungs-, Meß- und Materialflußzelle. Bei der Bearbeitungszelle handelt es sich um eine Drehzelle, deren Kernstück ein 4-Achsen-Drehautomat ist (Bild 5.1). Über ein NC-Ladeportal und ein Förderband mit Werkstückerkennung wird die Werkstückzufuhr automatisiert. Da das Förderband gleichzeitig als Werkstückpuffer fungiert, wird ein zeitlich begrenzter autonomer Betrieb der Drehzelle gewährleistet. Die in der Bearbeitungszelle erzeugten Werkstückgeometrien können auf unterschiedliche Weise geprüft werden. In der Werkzeugmaschine, der Drehmaschine, können die Werkstücke in ihrer Aufspannung mit Hilfe eines Meßtasters gemessen werden. Dieser Meßtaster ist auf einem Werkzeugrevolver aufgebracht, der es erlaubt, mit Hilfe des Weglängenmeßsystems die Werkstückgeometrie zu überprüfen.

Bild 5.1: Bearbeitungszelle des flexiblen Fertigungssystems am iwb

Zusätzlich steht neben einem automatischen mobilen Konturmeßgerät für rotationssymmetrische Werkstücke eine Zelle mit einem Koordinatenmeßgerät zur Verfügung. Beide Meßsysteme sind in den Materialfluß vollständig integriert. Für die Beschikkungs- und Handhabungsaufgaben wird in allen Zellen ein mobiler Roboter eingesetzt. Die Zellen des flexiblen Fertigungssystems sind informationsflußtechnisch durch ein hierarchisches Steuerungssystem gekoppelt, das u.a. den Ablauf in den Zellen sowie das Zusammenspiel der untereinander Zellen steuert.

Den Kern der Meßzelle bildet das in Bild 5.2 dargestellte NC-gesteuerte Koordinatenmeßgerät (KMG) mit einem optischen und mechanischen Tastsystem. Es bietet damit bezüglich des zu messenden Teilespektrums ein hohes Maß an Flexibilität. Eine weitere Vorausetzung für die flexible Automatisierung des Meßprozesses ist der Materialfluß. Zur Beschickung des KMG's dient in diesem Fall ein spezielles Palettensystem, auf das die Werkstücke vom mobilen Roboter automatisch aufgebracht werden.

Bild 5.2: Meßzelle des flexiblen Fertigungssystems am iwb

Bei der Entwicklungsumgebung handelt sich um eine heterogene Umgebung, die auf verschiedenen Hardware-Plattformen, Betriebssystemen, Programmiersprachen und Softwareentwicklungswerkzeugen aufbaut. Auf Zellenebene wurden als Hardware-Plattform Personal Computer (PC) gewählt, als Betriebsystem wurde das multitaskingfähige OS/2 verwendet. Die Kommunikation in der bestehenden Anlage zu den Hardware-Komponenten wird über serielle Schnittstellen realisiert. Die Integration der Personal Computer in die Steuerungsstruktur des flexiblen Fertigungssystems erfolgt über ein LAN auf der Basis von Ethernet und dem TCP/IP Protokoll.

Das QDS-System wurde mit Hilfe des objektorientierten Entwicklungssystems ProKAPPA erstellt. ProKAPPA bietet u.a. Tools zur objektorientierten Programmierung und regelbasierten Wissenverarbeitung an. Das Entwicklungssystem bietet die Möglichkeit, reale Problemstellungen in Objektmodellen abzubilden. Die Bedienoberfläche des QDS-Systems wurde unter X-Windows mit OSF/Motif realisiert. Die Qualitätsdatenbasis wurde auf der Basis des Datenbanksystems Ingres entwickelt.

5.3 Integrierte Qualitätssicherung in flexiblen Fertigungszellen

5.3.1 Struktur und Ablauforganisation

Integrierte Qualitätssicherung in flexiblen Fertigungszellen kann nur durch eine geeignete Struktur der Qualitätssicherung realisiert werden. Die Systeme der Fertigungsleittechnik in flexiblen Fertigungszellen werden um Funktionen zur Qualitätssicherung erweitert. Durch die Integration der Qualitätssicherungsfunktionalitäten ergeben sich veränderte Abläufe der Auftragsabwicklung. Die Struktur der Qualitätssicherung in flexiblen Fertigungszellen muß also

- die Verteilung der Qualitätssicherungsfunktionalitäten und
- das Management der Auftragsabwicklung

umfassen /Gall 92/.

Verteilung der Qualitätssicherungsfunktionalitäten

Der Aufbau der Qualitätssicherungsfunktionalitäten in der flexiblen Fertigungszelle ist in Bild 5.3 dargestellt.

Die Struktur ist aus einer Qualitätsdatenbasis QDB (Abschnitt 5.3.4), aus qualitätssicherungsgerechten Komponentenanpassungsprozessen der NC-Maschinen (Abschnitt 5.3.2), Qualitätssicherungsprozessen in den Zellenrechnern (Abschnitt 5.3.3) und einem dienstleistenden System zur Unterstützung qualitätssichernder Entscheidungen - QDS - (Abschnitt 5.4) aufgebaut. Da es sich um eine inhomogene Systemumgebung handelt, enthält die Struktur eine Funktionsschicht zur Integration der Qualitätsdatenbasis (Abschnitt 5.3.4) und eine Kommunikationsschnittstelle über die alle Systeme miteinander kommunizieren können (Abschnitt 5.3.4). Der Meldungsaustausch zwischen den Systemen erfolgt über einen Datenaustausch über die Qualitätsdatenbasis und über einen Informationsaustausch über die Kommunikationsschnittstelle.

In der Qualitätsdatenbasis werden alle qualitätsrelevanten Daten strukturiert abgelegt. Über den qualitätssicherungsgerechten Komponentenanpassungsprozeß (Treiber) werden der Fertigungsleittechnik alle qualitätsrelevanten Daten der betreffenden NC-Maschine zur Verfügung gestellt. Weiterhin bestehen über den Treiber Möglichkeiten, in der NC-Maschine qualitätssichernde Maßnahmen durchzusetzen. Der Qualitätssicherungsprozeß im Zellenrechner koordiniert zentral alle Qualitätssicherungsvorgänge, die Aufträge der Zelle betreffen. Das System zur Unterstützung qualitätssichernder Entscheidungen QDS stellt den Zellenrechnern Funktionalitäten zur Fehlerbehandlung zur Verfügung. Die Fehlerbehandlungsfunktionen sind in einem zentralen Entscheidungsunterstützungssystem zusammengefaßt das auf einer leistungsstarken Hardware mit Hilfe eines speziellen objektorientierten Entwicklungswerkzeugs erarbeitet wurde. Grund hierfür ist die Möglichkeit umfassendere leistungsstärkere Verfahren zur Fehlerbehandlung anzuwenden als dies auf einem Personal Computer möglich wäre. Grundsätzlich wird das entscheidungsunterstüzende System den Zellenrechnern zugeordnet, mit denen es auch online gekoppelt ist.

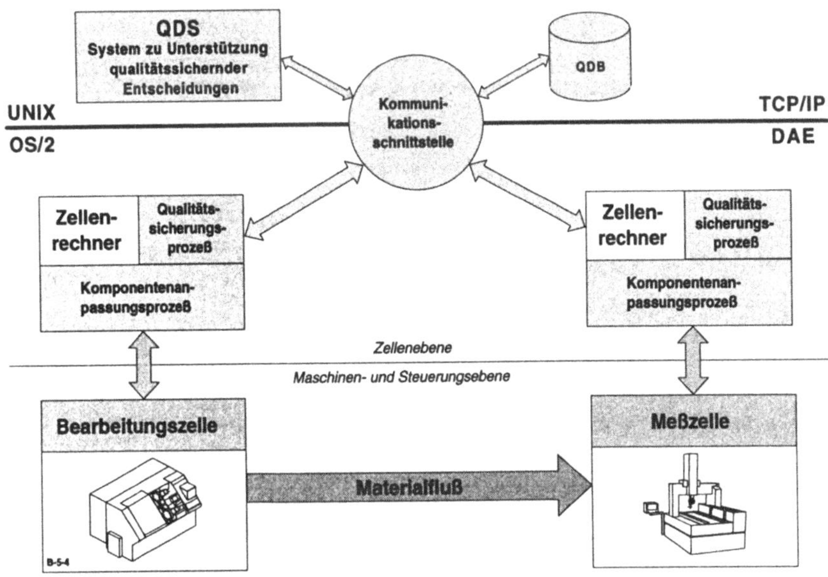

Bild 5.3: Struktur der integrierten Qualitätssicherung in flexiblen Fertigungszellen

Management der Auftragsabwicklung

Die integrierte Qualitätssicherung in Fertigungszellen macht ein gezieltes Management der Auftragsabwicklung erforderlich. In Bild 5.4 ist die Ablaufstruktur der integrierten Qualitätssicherung in flexiblen Fertigungszellen dargestellt. Das zentrale Element ist der Qualitätssicherungsprozeß im Zellenrechner (QS-Prozeß). Dies ist durch die zentrale Stellung des Zellenrechners in den flexiblen Fertigungszellen begründet. Im folgenden wird die qualitätsgerechte Abwicklung eines Fertigungsauftrages prinzipiell beschrieben.

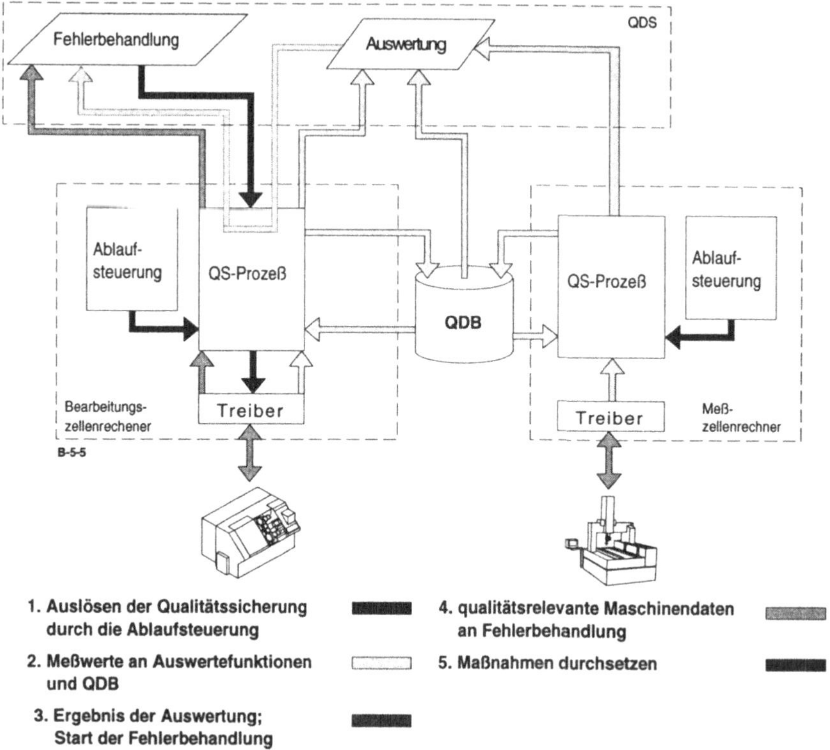

Bild 5.4: Ablaufstruktur der integrierten Qualitätssicherung

1. Auslösen der Qualitätssicherung durch die Ablaufsteuerung des Zellenrechners: Die Ablaufsteuerung des Zellenrechners veranlaßt die Werkzeugmaschine oder das Meßgerät die Geometrie eines Werkstücks zu messen, und teilt dies dem QS-Prozeß des Zellenrechners mit. Die Meßprotokolle werden vom QS-Prozeß mit dem Auftragsnamen, der Operationsauftrag-Identifikation und dem Datum gekennzeichnet und an die Funktionen der Auswertung übermittelt. Die Meßprotokolle werden zur Weiterverarbeitung und Dokumentation abgespeichert.

2. Meßwertübergabe: Die Auswertung vergleicht die Istwerte des Meßprotokolls mit den Sollwerten der Qualitätsdatenbasis und überprüft, ob ein Fehler aufgetreten ist. Ist dies der Fall, teilt die Auswertung dies dem QS-Prozeß mit und übergibt den Auftragsnamen, die Operationsfolge-Identifikation, bei der ein Fehler aufgetreten ist sowie den Zeitpunkt der Auswertung. Folgende Bearbeitungsstati von Aufträgen können im QS-Prozeß bei der Fehlerbehandlung berücksichtigt werden:

- eingelastet
- bearbeitet
- Maßnahmen durchgesetzt
- gemessen, Teil in Ordnung
- gemessen, Teil nicht in Ordnung

3. Fehlerbehandlung starten: Liegt ein Fehler vor, so werden die Fehlerbehandlungsfunktionen ausgelöst. Diesen Funktionen werden der Auftragsname, die Operationsauftrag-Id und die Operationsfolge-Id übergeben. Dem Fertigungsleitsystem wird mitgeteilt, daß eine Fehlerbehandlung eingeleitet wird und daß sich der Zeithorizont der Auftragsbearbeitung verändert.

4. Maschinendatenübergabe: Zur Fehlerlokalisierung benötigt die Fehlerbehandlung qualitätsrelevante Maschinendaten, die vom QS-Prozeß im Treiber angefordert und an die Fehlerbehandlung weitergeleitet werden.

5. Maßnahmen durchsetzen: Werden Maßnahmen zur Fehlerbehebung gefunden, werden diese im Treiber über den QS-Prozeß durchgesetzt und der entsprechende Bearbeitungsstatus in "Maßnahmen durchgesetzt" geändert, um bei einem Folgeteil entscheiden zu können, ob eine verifizierende Prüfung durchgeführt werden muß. Wird eine Prüfung zur Verifizierung der Maßnahmen durchgeführt, ermittelt der QS-Prozeß aus der Operationsfolge-Id des aufgetretenen Fehlers ein entsprechendes Meßprogramm zur Messung in der Werkzeugmaschine. Treten keine Fehler auf, wird der Fertigungsauftrag fortgesetzt. Andernfalls wird der Auftrag gesperrt und ein Alarm ausgelöst, da eine weitere fehlerfreie Werkstückbearbeitung nicht möglich ist.

In Bild 5.5 ist beispielhaft ein stark vereinfachter Ablaufplan einer qualitätsgerechten Auftragsabwicklung nach der beschriebenen Ablaufstruktur dargestellt. Hervorgehoben sind die Schritte, die auch ohne qualitätssichernde Maßnahmen durchgeführt werden müssen. Nach der Messung des Werkstücks wird in einer externen Instanz das Meßergebnis ausgewertet. Es wird entschieden, ob der Fertigungsauftrag fortgesetzt werden kann, oder, ob er gesperrt wird wenn das Werkstück fehlerhaft ist. Der Fertigungsauftrag kann erst dann fortgesetzt werden, wenn die Ursache des

Fehlers festgestellt, Maßnahmen zur Abhilfe gefunden und diese Maßnahmen durchgesetzt wurden.

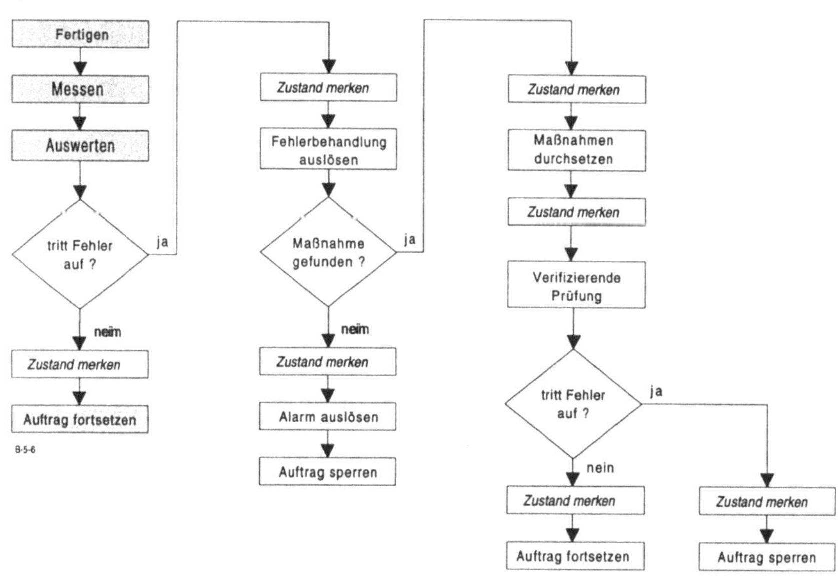

Bild 5.5: Beispielhafter Ablaufplan eines qualitätsgerechten Fertigungsauftrages

5.3.2 Einbindung von Werkzeugmaschinen in Qualitätsregelkreise in flexiblen Fertigungszellen

Integrierte Qualitätssicherung hat die Bildung von Qualitätsregelkreisen zum Ziel, d.h. die Umsetzung qualitätssichernder Maßnahmen in den technischen Prozeß. Hierzu werden Daten der Werkzeugmaschinen von flexiblen Fertigungszellen zur Qualitätsregelung benötigt. Auf der anderen Seite müssen Einflußnahmemöglichkeiten existieren, um qualitätssichernde Maßnahmen in den Werkzeugmaschinen durchzuführen.

Dem Zellenrechner als übergeordnetem steuernden System einer Werkzeugmaschine muß ein qualitätsgerechtes Abbild der Werkzeugmaschine zur Verfügung stellen (Bild 5.6). Dieses Abbild ist Bestandteil des Komponentenanpassungsprozesses

(Treiber) jeder Werkzeugmaschine. Der Treiber stellt den transparenten und standardisierten Meldungsaustausch zwischen Zellenrechner und Maschinensteuerung sicher. Das Abbild der Werkzeugmaschine stellt ein Datenmodell dieser Werkzeugmaschine dar, in dem alle problemspezifischen Eigenschaften und Funktionszusammenhänge der Werkzeugmaschine abgebildet sind. Das Datenmodell umfaßt dabei zwei Bestandteile,

- eine Notation zur Beschreibung von Daten und
- eine Anzahl von Funktionen zur Manipulation der Daten.

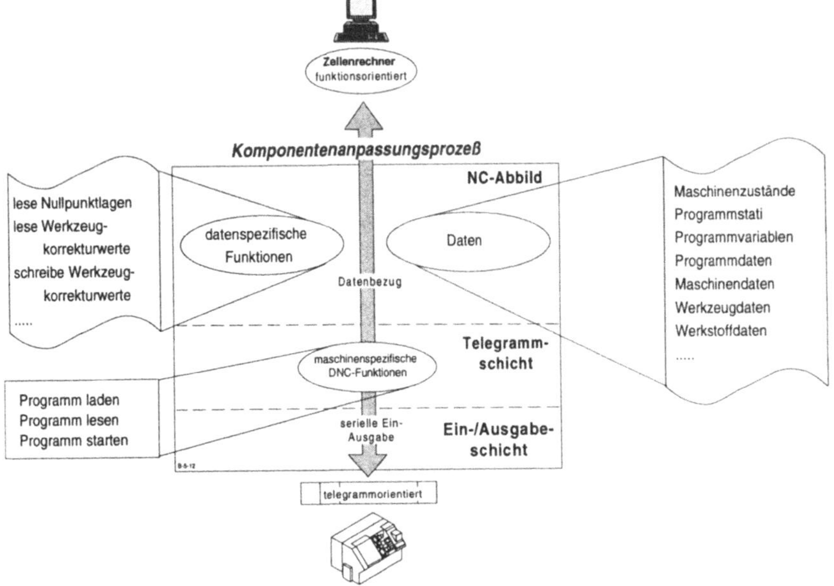

Bild 5.6: Komponentenanpassungsprozeß einer Werkzeugmaschine

Hierdurch entsteht eine einheitliche nach außen gerichtete Datenmanipulationsschnittstelle. Die Umsetzung der Datenänderungen in der Maschinensteuerung erfolgt im Datenmodell selbst. Ein Abbild der Werkzeugmaschine wird im Zellenrechner mitgeführt und entsprechend den Maschinenzuständen dynamisch aktualisiert. Alle Manipulationen werden am Modell durchgeführt, so daß die Durchsetzung der Maßnahmen in der Maschinensteuerung durch Transformation des Modells zurück in die Werkzeugmaschine erfolgt. Im qualitätsgerechten Abbild der Werkzeugmaschine werden alle produktqualitätbeeinflussenden Bearbeitungsparameter in eindeutig zugeordneter Form abgespeichert. Informationen über den augenblicklichen Zustand der Werkzeugmaschine werden im Datenmodell gehalten, um so auf Zustandsänderungen reagieren zu können. Das Datenmodell beinhaltet Funktionen zur Datenmanipulation. Für alle Datenbereiche werden Funktionen aufgebaut, die immer nur die Veränderung eines Datensatzes in einem Datenbereich ermöglichen. Somit ist die eindeutige Identifizierung von Daten und die Zuordnung zu beeinflussenden Funktionen gewährleistet.

Der Treiber besteht daher, wie in Bild 5.6 dargestellt, aus drei Schichten. Die oberste Schicht - das NC-Abbild - beinhaltet Kommunikationsfunktionen zum Zellenrechner und das qualitätsgerechte Abbild der Werkzeugmaschine als Schnittstelle zum Zellenrechner. In der zweiten Schicht, der Telegrammschicht, wird eine Umsetzung von Funktionen zu Telegrammen und umgekehrt vorgenommen. Die dritte Schicht realisiert die Kopplung zur Maschinensteuerung der Werkzeugmaschine. In Bild 5.7 ist der Leistungsumfang des realisierten, qualitätssicherungsgerechten Komponentenanpassungsprozesses (Treiber) dargestellt. Der Leistungsumfang wird im folgenden näher erläutert:

Anbindung an den Zellenrechner: Die Kopplung des Treibers an den Zellenrechner erfolgt über die Client-Server-Schnittstelle (Abschnitt 5.3.4), wobei der Treiber als Server fungiert.

Kontrolle von Maschinenprogrammen: Die Steuerung einer Werkzeugmaschine durch den Zellenrechner setzt die Kontrolle der Programmabarbeitung voraus. Hierzu wird der Start und Stop des NC-Programms durch den Zellenrechner ermöglicht.

Verwaltung von Maschinenprogrammen: NC-Programme von Werkzeugmaschinen werden in der Fertigungsvorbereitung erstellt und verändert. Daher besteht die Möglichkeit, diese Programme direkt in die Maschinensteuerung zu übertragen und von ihr auszulesen.

Verwaltung von Maschinenzuständen: Die Ablaufsteuerung des Zellenrechners kann nur mit dem Wissen über die Maschinenzustände sinnvoll Aktionen einleiten und durchführen. Im Treiber werden deshalb Informationen über die Zustände der Maschinensteuerung (z.B. Betriebsarten) und über Zustände von Komponenten der Maschine (z.B. unterschiedliche Schlitten oder Handhabungseinrichtungen) gehalten. Damit diese Maschinenzustände im Treiber immer die aktuellen Maschinenzustände widerspiegeln, werden sie automatisch bei einer Änderung aktualisiert.

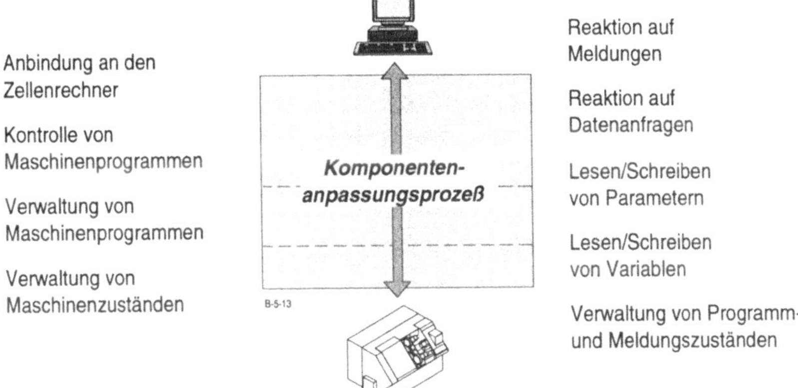

Bild 5.7: Leistungsumfang des Komponentenanpassungsprozesses

Verwaltung von Programm- und Meldungszuständen: Zur Vermeidung von Ablauffehlern in der Auftragabwicklung wird der Status eines NC-Programms, d.h ob es inaktiv, bereits gestartet oder aktiv ist, in einer NC-Programmzustandsverwaltung gespeichert. Ebenso werden Meldungsstati eingeführt, die erkennen lassen, ob eine Meldung, die als unerwartete Meldung von der Maschinensteuerung an den Zellenrechner gesendet wird, aufgrund einer Anfrage des Zellenrechners bei der Maschinensteuerung ausgelöst worden ist.

Reaktion auf Meldungen der Steuerung: Das NC-Abbild muß immer dem realen Zustand der Maschine entsprechen, damit keine undefinierten Zustände auftreten. Ändert sich der Zustand der Maschine, so versendet die Steuerung dem Zellenrechner eine Mitteilung über eine Statusänderung. Der Treiber analysiert diese unerwartete Meldung und paßt die Daten im NC-Abbild entsprechend der Änderung an. Auftretende Fehler und undefinierte Systemzustände lösen in der Steuerung Fehler- bzw. Alarmmeldungen aus. Aufgrund dieser Meldungen, die im Treiber erkannt und weitergegeben werden, werden die Fehlerbehandlungsfunktionen des Zellenrechners aktiv.

Reaktion auf Datenanfragen der Maschine: Der Daten- und Programmspeicher einer Steuerung hat nur begrenzten Umfang. Deshalb besteht die Möglichkeit, daß der Speicherbereich für umfangreiche NC-Programme nicht ausreicht. Ist dies der Fall, so wird eine Anfrage der Steuerung nach einem Nachladen des NC-Programms beim Zellenrechner ausgelöst.

Lesen und Schreiben von Maschinenparametern: Zur Qualitätsregelung müssen angefallende Daten ausgewertet und ermittelte Maßnahmen durchgesetzt werden. Dazu müssen diese Daten dem Zellenrechner zur Verfügung stehen. Der Zellenrechner muß also qualitätsrelevante Daten aus der Maschinensteuerung auslesen und in einer für die Maschinensteuerung lesbaren Form in diese zurückschreiben können. Dazu werden Schreib-/Lesefunktion der Maschinenparametern im Treiber angeboten.

Lesen und Schreiben von Maschinenvariablen: Maschinenvariablen sind, im Gegensatz zu den fest belegten Parametern, frei verfügbar. Sie können als Zwischenspeicher für Berechnungen oder für maschineninterne Messungen genutzt werden. Auch für die Maschinenvariablen werden allgemeingültige Schreib-/Lesefunktionen im Treiber angeboten.

Für den Zugriff auf qualitätsrelevante Daten der Werkzeugmaschine werden Datenbereiche eingeführt und Zugriffsfunktionen angeboten. Sie setzen standardisierte Anwendungsformate in steuerungsspezifische Datenformate um, denen die unterschiedlichen Datenbereiche, in die die maschineninternen Daten gegliedert werden, zugeordnet sind. In Bild 5.8 ist die Gliederung der Datenbereiche einer Werkzeugmaschine dargestellt. Für jeden der dargestellten Datenbereiche existieren Funktionen, die einen Zugriff auf jeden der einzelnen Datenbereiche in der Maschinensteuerung zulassen.

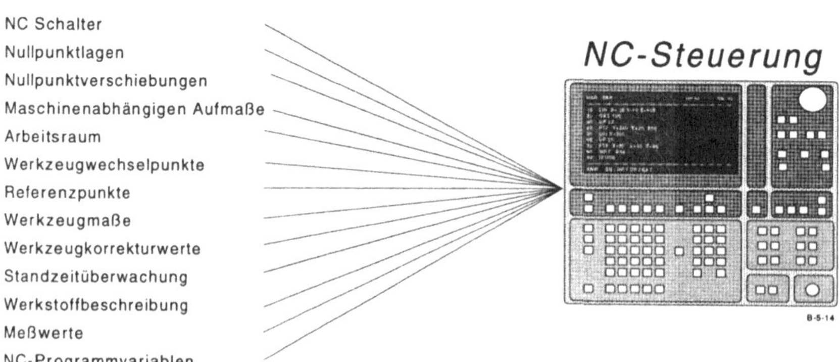

Bild 5.8: Datenbereiche der NC-Steuerung einer Werkzeugmaschine

5.3.3 Qualitätssicherungsprozeß im Zellenrechner

Das zentrale Element zur integrierten Qualitätssicherung in flexiblen Fertigungszellen ist der Qualitätssicherungsprozeß im Zellenrechner (QS-Prozeß). Dies ist durch die zentrale Stellung des Zellenrechners in flexiblen Fertigungszellen begründet. Die Aufträge werden vom Zellenrechner disponiert, gestartet, überwacht und fertiggemeldet. Durch die Erweiterung der steuernden Aufgaben des Zellenrechners um Aufgaben der Qualitätsregelung werden Änderungen in der Auftragsablaufstruktur notwendig. In einem Fertigungsauftrag können diese änderungsbedingten Strukturen nur mit großen Aufwand beschrieben werden. Daher muß man im Zellenrechner eine Instanz einzuführen, die den Ablauf qualitätssichernd überwacht und regelnd auf ihn einwirkt. Diese Instanz, im folgenden Qualitätssicherungsprozeß des Zellenrechners (QS-Prozeß) genannt, übernimmt folgende qualitätssichernde Aufgaben:

- *Überwachung der Auftragszustände:* Die Ablaufsteuerung des Zellenrechners überwacht die Abwicklung eines Zellenauftrages. Fehlerbehebungsmaßnahmen werden im Zellenrechner zeitlich unabhängig vom Zellenauftrag generiert. Damit die Durchsetzung der Maßnahmen nicht zu Fehlern in der Auftragsabwicklung führt, wird Wissen über den aktuellen Zustand eines Auftrages benötigt. Dieses Wissen wird im QS-Prozeß hinterlegt.
- *Überwachung der Bearbeitungszustände:* Der Zeitpunkt der Bearbeitung, zu dem ein Werkstück überprüft wird, ist im Fertigungsauftrag festgelegt. Daher sind die Zustände aller Werkstücke zu überwachen, die sich zur Bearbeitung in der flexiblen Fertigungszelle befinden.
- *Integration der Qualitätsdaten:* Über die Qualitätsdatenbasis kann anhand der Auftragsdaten auf alle Qualitätsmerkmale und deren Entstehungsort und -zeit zugegriffen werden. Diese Daten werden zur Steuerung der Prüfschritte und der Fehlerbehandlung benötigt.
- *Steuerung der Prüfschritte:* Die Abfolge der Prüfschritte kann nicht explizit im Fertigungsauftrag festgelegt werden, da die Prüfung situationsbedingt ist (z.B. verifizierende Prüfung). Daher ist eine eigenständige Steuerung der Prüfschritte in die Auftragsabwicklung zu integrieren.
- *Steuerung der Fehlerbehandlung:* Werden im Rahmen der Überwachung Fehler erkannt, muß die Ablaufsteuerung entsprechende Maßnahmen einleiten. Dazu werden Funktionalitäten zur Steuerung der Fehlerbehandlung in der Ablaufsteuerung benötigt.

Die Ablaufsteuerung des bestehenden Zellenrechners bietet prinzipiell die Möglichkeit, die genannten Aufgaben des QS-Prozesses zu erfüllen. Da aber bei der Ablaufplanung noch kein Wissen über auftretende Fehler vorhanden ist, müßte das gesamte Fehlerwissen in den Auftragsnetzen, die den Abläufen zugrunde liegen, abgelegt sein. Dies würde zu sehr komplexen, nicht mehr überschaubaren Auftragsnetzen führen. Die Aufgabe der qualitätsgerechten Ablaufsteuerung wird daher vom Qualitätssicherungsprozeß im Zellenrechner übernommen. Die Daten- und Funktionsinhalte dieses Prozesses ergeben sich aus den Funktionen zur Qualitätsregelung, die zum einen vom Fertigungsauftrag und zum anderen vom Zellenrechner selbst aufgerufen werden. Den Kern der Ablaufsteuerung der integrierten Qualitätssicherung in flexiblen Fertigungszellen bildet daher der Qualitätssicherungsprozeß des Zellenrechners. Dieser Prozeß überwacht den Auftragsablauf erweiternd zur Ablaufsteuerung des Zellenrechners und verwaltet Informationen, die für einen fehlerfreien Ablauf benötigt werden.

Die Arbeitsweise des QS-Prozesses wird im folgenden anhand der Steuerung der Fehlerbehandlung in flexiblen Fertigungszellen vorgestellt (Bild 5.9). Der QS-Prozeß hat die zentrale Koordination der Fehlerbehandlung bezüglich der Zellenaufträge der betreffenden Fertigungszelle zur Aufgabe. Ausgelöst wird die Fehlerbehandlung durch verschiedene Ereignisse, auf die der QS-Prozeß reagieren kann. Hierbei handelt es sich um eine Fehlermeldung eines anderen Prozesses oder einer unterlagerten Komponente, wie beispielsweise des Meßtasters einer Werkzeugmaschine, sowie um einen Überwachungsauftrag des Zellenrechners. Ein Überwachungsauftrag wird ausgelöst, wenn ein Werkstück bearbeitet werden soll, dessen Vorgängerwerkstück fehlerhaft bearbeitet wurde und deshalb vor der erneuten Bearbeitung eine Fehlerbehandlung durchgeführt werden soll.

In der Fehlererkennung wird daraufhin versucht, den aufgetretenen Fehler durch den Fehlerort und die Fehlerart zu bestimmen. Bei einer ankommenden Fehlermeldung werden diese Informationen mit der Meldung mitgeliefert, und es kann sofort mit der Fehlerlokalisierung begonnen werden. Wird ein Überwachungsauftrag bearbeitet, so muß der Fehlerort und die Fehlerart aktiv bestimmt werden. Ist der QS-Prozeß dazu alleine nicht in der Lage, so wird das System zur Unterstützung qualitätssichernder Entscheidungen - QDS - als Dienstleistungssystem zur Fehlererkennung beauftragt. Das QDS-System steht ebenso zur Fehlerlokalisierung und zur Fehlerbehebung als Dienstleistungssystem dem QS-Prozeß zur Verfügung. Ist die Fehlerbehandlung beendet, schickt der QS-Prozeß dem aufrufenden System eine Fertigmeldung des Überwachungsauftrags. Alle Informationen und Daten der Fehlerbehandlung werden zu späteren Auswertungen über Fehlerhäufigkeiten etc. in der Qualitätsdatenbasis abgespeichert.

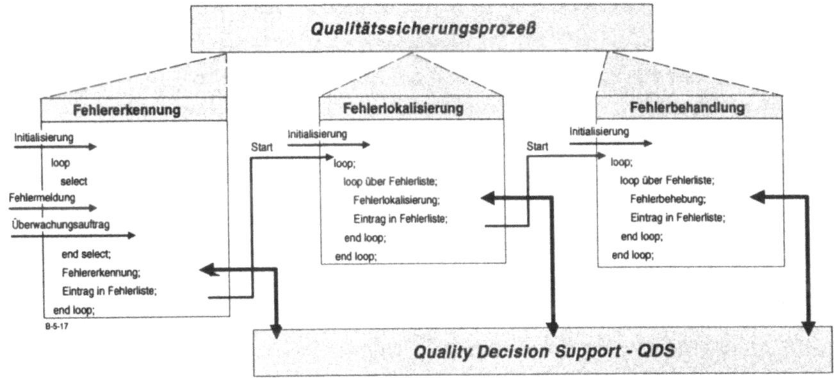

Bild 5.9: Fehlerbehandlung im Qualitätssicherungsprozeß des Zellenrechners

5.3.4 Produktzentrierte Qualitätsdatenbasis, daten- und informationsflußtechnische Integrationsplattform

Das in Abschnitt 4.3 vorgestellte produktzentrierte Qualitätsdatenmodell ist objektorientiert aufgebaut. Die benötigten Informationen werden aus der Sicht der Qualitätssicherung als Objekte mit Eigenschaften abgebildet. Für die Qualitätssicherung, die ein Soll- und ein Istmodell aller qualitätsrelevanten Daten führt, hat ein Werkzeug beispielsweise die Eigenschaften Identnummer, Bezeichnung, Korrekturwert, Standzeit. Die objektorientierte Strukturierung der Problemstellung und der zugrundeliegenden Datenmodelle ist der menschlichen Denkweise am ähnlichsten und somit am ehesten geeignet, die Komplexität der Qualitätssicherung zu beherrschen.

Im Gegensatz dazu sind heute jedoch relationale Datenbanksysteme mit relationalen Datenmodellen Stand der Technik. Relationale Datenbanken bieten dem Anwender ein Höchstmaß an Flexibilität im Vergleich zu alternativen Methoden der Datenspeicherung. Objektorientierte Datenbanksysteme finden erst allmählich Eingang in die Forschung und in die industrielle Anwendung. In dieser Arbeit wird daher als Grundlage der Datenhaltung eine relationale Qualitätsdatenbasis verwendet, wobei die integrierte Qualitätssicherung objektorientiert aufgebaut ist /Bons 89, Grab 86, Krie 91, Spur 91I/.

Datentechnische Integration

Die objektorientierte Datenbearbeitung im Gegensatz zur relationalen Datenhaltung zieht einen erhöhten Aufwand bei der Datenintegration nach sich. Die datentechnische Integration innerhalb der flexiblen Fertigungszellen erfolgt über die gemeinsame Qualitätsdatenbasis QDB, in der alle qualitätsrelevanten Daten abgelegt sind. Da verschiedene Systeme auf die Daten der Datenbasis zugreifen müssen, soll der Zugriff auf die Daten möglichst vereinheitlicht und vereinfacht möglich sein. Aufgrund der sich ändernden Anforderungen sollen die Daten verfügbar sein, ohne daß der Aufbau der Datenbasis dem Anwender bekannt ist und ohne daß eine strukturbedingte Aufbereitung der Daten durchzuführen ist. Hierfür wurde eine Datenbankschnittstelle realisiert, die auf der dynamischen Datenbankabfragesprache Dynamic SQL (Standard Query Language) für relationale Datenbanken basiert. Im Gegensatz zu der herkömmlichen Datenbankintegration, bei der alle erforderlichen Datenzugriffsinformationen wie Tabellenname, Feldname und Suchbedingung, im Programmcode fest angegeben werden müssen, kann bei der realisierten Datenbankschnittstelle die Festlegung dieser Information zur Laufzeit erfolgen. Der Anwender benötigt nur eine Datenstrukturbeschreibung des Objektes, auf das er zur Laufzeit in der Qualitätsdatenbasis - QDB - zugreifen möchte. Möchte er beispielsweise alle Daten eines Werkzeuges lesen, dann benötigt er hierzu die Datenstrukturbeschreibung des Objekts Werkzeug und den Identifikationsschlüssel des spezifischen Werkzeugs, das er lesen möchte. Der Anwender muß dabei nicht wissen, wie die interne Datenstruktur des Werkzeugs in der relationalen Datenbasis aussieht. Die Verbindung der internen, relationalen Datenstruktur mit der externen, objektorientierten Datenstruktur ist in der einmal zu erstellenden Datenstrukturbeschreibung festgelegt.

In Bild 5.10 ist die realisierte Struktur der relationalen Qualitätsdatenbasis - QDB - dargestellt. Die Qualitätsdatenbasis besteht im wesentlichen aus 6 Datenbereichen. Dies sind die Operationsauftrags-, die Operationsplan-, die Produkt-, die Prozeß-, die System- und die Umweltdaten. Diese Daten sind operationsauftrags- und/oder operationsplanspezifisch. Grundlage der Daten sind Stammdaten, die operationsauftrags- und operationsplanneutral sind. Bei den Umweltdaten handelt es sich um Stammdaten der vorhandenen Arbeitsräume; bei den Systemdaten um Stammdaten der vorhandenen Werkzeugmaschinen, Fertigungszellen und Fertigungssysteme; bei den Prozeßdaten um Stammdaten der Werkstücke, Werkzeuge, Prüfmittel, Rüstmittel, NC-Programme, Betriebshilfsstoffe, Prozeßparameter und Steuerungsdaten; und bei den Produktdaten um Stammdaten der Werkstoffe, der Geometrie- und Qualitätsmerkmale.

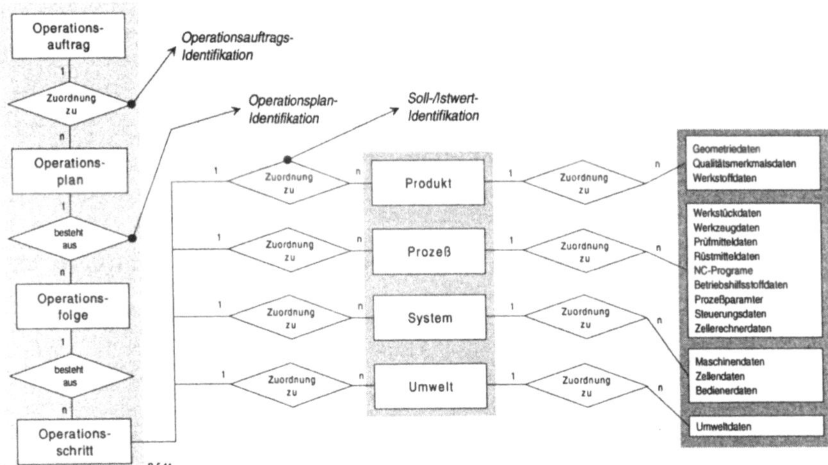

Bild 5.10: Struktur der Qualitätsdatenbasis

Die Verknüpfung zwischen den einzelnen Datenbereichen sowie der Zugriff auf die Qualitätsdaten wird über Identifikationsschlüssel hergestellt. Hierbei sind folgende Identifikationsschlüssel von besonderer Wichtigkeit:

- *Operationsauftrags-Identifikation:* Die Operationsauftrags-Identifikation bildet die Beziehung zwischen den Operationsauftrags- und Operationsplandaten. Jeder Operationsauftrag wird mit einer eindeutigen Identifikation versehen. Der Zugriff auf die zum Auftrag gehörenden Qualitätsdaten kann somit über die im Zellenrechner eingelasteten Operationsaufträge erfolgen.
- *Operationsplan-Identifikation:* Die Operationsplan-Identifikation stellt die Beziehungen zwischen dem Operationsplan, den Operationsfolgen und den Operationsschritten her. Jeder Operationsplan, jede Operationsfolge und jeder Operationsschritt wird mit einer eindeutigen Identifikations versehen. Der Zugriff auf die Qualitätsdaten eines bestimmten Qualitätsmerkmals erfolgt über diese Identifikation.
- *Soll-/Istwert-Identifikation:* Die Soll-/Istwert-Identifikation bildet den Zusammenhang zwischen den Operationsschritten und den Qualitätsdaten der Datenbereiche "Produkt", "Prozeß", "System" und "Umwelt". Jeder Soll- und jeder Istwert eines Qualitätsmerkmals wird mit einer eindeutigen Identifikation versehen.

Informationsflußtechnische Integration

Die Schließung qualitätsrelevanter Regelkreise in flexiblen Fertigungszellen macht die informationsflußtechnische Integration der einzelnen Elemente der Zellen erforderlich. Die informationsflußtechnische Integration beruht auf dem in Bild 5.11 dargestellten Client-Server-Prinzip.

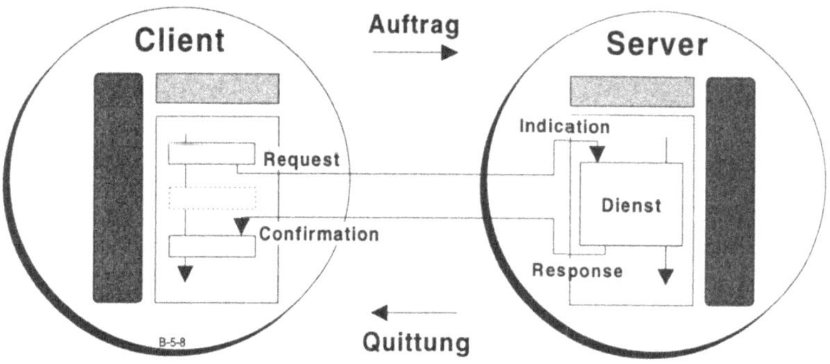

Bild 5.11: Client-Server-Prinzip

Beim Client-Server-Prinzip bieten sogenannte Serverprozesse Dienste (Services) an, die von den Clientprozessen mittels Interprozeßkommunikation angefordert werden können. Der Clientprozeß löst dabei durch eine Dienstanforderung (Request) beim Serverprozeß eine Anzeige (Indication) dieser Anforderung aus. Der Server führt den geforderten Dienst aus und sendet eine entsprechende Antwort (Response) an den Client zurück. Mit dem Empfang der Dienstbestätigung (Confirmation) ist die Anforderung für den Client abgeschlossen. Eine feste Einordnung eines Prozesses als Client- oder Serverprozeß ist nicht notwendig, da auch Serverprozesse wiederum Dienste bei anderen Servern anfordern können. Somit ist eine Client-Server-Beziehung immer nur für eine Dienstanforderung gültig. Da die kommunikative Initiative immer vom Client ausgeht und in Form einer Quittung auch wieder dahin zurückkehrt, kann das Client-Server-Prinzip mit ereignisorientierten Funktionsaufrufen verglichen werden. Die der Realisierung zugrundeliegende Entwicklungsumgebung ist, wie bereits erwähnt, inhomogen. Um eine informationsflußtechnische Integration dieser inhomogenen Systemlandschaft zu erzielen, ist eine Kommunikationsschnittstelle realisiert worden, die auf dem Client-Server-Prinzip basiert. Die Kommunikationsschnittstelle läßt den Meldungsaustausch in der inhomogenen Umgebung zu und ermöglicht außerdem die Integration von Prozessen, die auf verschiedenen Hardware-Plattformen unter verschiedenen Betriebssystemen angesiedelt sind.

5.4 System zur Unterstützung qualitätssichernder Entscheidungen - QDS

5.4.1 Aufgaben und Systemaufbau

Die Behandlung von Fehlern ist die zentrale Aufgabe der Qualitätssicherung in der Fertigung. Innerhalb der automatisierten flexiblen Fertigung in Zellen hat der Zellenrechner diese Aufgabe, soweit möglich automatisiert, durchzuführen. Die Fehlerbehandlungsaufgabe in flexiblen Fertigungszellen sowie weitere dienstleistende Qualitätssicherungsfunktionen wurden in einem entscheidungsunterstützenden System - QDS - zentralisiert, wobei die Fehlerbehandlungsaufgabe logisch dem Zellenrechner zugeordnet ist. Das QDS-System kann von allen Zellenrechnern in der flexibel automatisierten Fertigung dienstleistend in Anspruch genommen werden. Aufgrund der Komplexität der Fehlerbehandlungsaufgabe und der Tatsache, daß die Funktionalität nicht laufend in Anspruch genommen werden muß, werden die Zellenrechner durch eine Funktionszentralisierung entlastet.

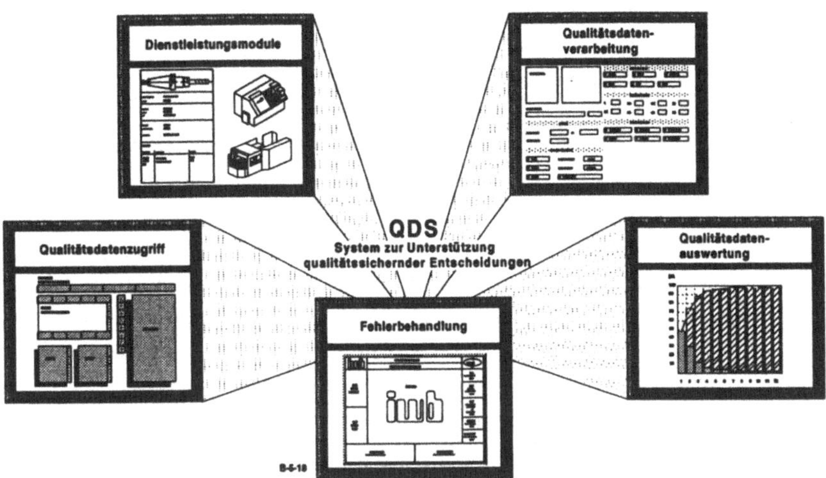

Bild 5.12: System zur Unterstützung qualitätssichernder Entscheidungen - QDS

In Bild 5.12 ist das System zur Unterstützung qualitätssichernder Maßnahmen - QDS - abgebildet. Das System ist in den Fehlerbehandlungsprozeß über den Qualitätssicherungsprozeß des Zellenrechners eingebunden. Es ist in der Lage, direkt auf die NC-Maschinen in den flexiblen Fertigungszellen zuzugreifen, um auf der einen Seite Informationen zur Fehlerbehandlung zu erlangen und auf der anderen Seite qualitätssichernde Maßnahmen direkt durchzusetzen /Köni 92/.

Neben der zentralen, im folgenden eingehend vorgestellten Aufgabe der Fehlerbehandlung dient das QDS-System außerdem als Qualitätsinformationssystem, das die anfallenden Qualitätsdaten verarbeitet und verdichtet. Die der Fertigung vorgelagerten Bereiche können auf diese verdichteten Daten über die gemeinsame Qualitätsdatenbasis zugreifen, um ihre Aufgaben qualitätsgerecht durchführen zu können. Beispielsweise sind für die Konstruktion Informationen über die Qualität der gefertigten Werkstücke, z.B. Fehlerhäufigkeiten, bezogen auf verwendete Formelemente, von großem Interesse. Durch die Rückführung von Qualitätsdaten aus der Fertigung über eine integrierte produktzentrierte Qualitätsdatenbasis können ebenenübergreifende Qualitätsregelkreise geschlossen werden. Das QDS-System verfügt daher über Dienstleistungsmodule zur Objektverwaltung, zur Datenbankzugriffsplanung sowie zur Qualitätsdatenverarbeitung und -auswertung.

Die Grundlage der Fehlerbehandlung im QDS-System bildet die Kenntnis über die Zusammenhänge der Einflußgrößen auf die Produktqualität. Abbildbare Fehlerkausalitäten im QDS-System können von den realisierten hybriden - assoziativen und modellbasierten - Fehlerbehandlungsverfahren zur Entscheidungsunterstützung verarbeitet werden. Assoziative Verfahren der Fehlerzuordnung und des Fehlermustervergleichs im QDS-System verwenden spezifisches Qualitätswissen wie Fehlerbäume und Regeln, die in Form von Fuzzy Logik-Regelsätzen abgebildet sind. Modellbasierte Verfahren im QDS-System vergleichen ein rechnerinternes, objektorientiertes qualitätsrelevantes "Ist-Modell" der Fertigung mit dem in der Qualitätsdatenbasis abgelegten "Soll-Modell" der Fertigung. Das QDS-System ist daher in der Lage, Fehlerursachen aufzudecken und geeignete Maßnahmen zu deren Behebung zu generieren. Die verwendeten Qualitätsdaten und das spezifische Qualitätswissen stehen in datentechnisch aufbereiteter Form in einer Datenbasis dem QDS-System zur Verfügung. Die Unterstützung qualitätssichernder Entscheidungen durch ein Qualitätssicherungssystem, das Fehlerbehandlungs-, Qualitätsdatenverarbeitungs- und Zugriffsfunktionen auf Qualitätsdaten in sich vereinigt, führt zu einer erhöhten Reaktionsgeschwindigeit der flexiblen Fertigungszellen bei auftretenden Fehlern sowie deren Behebung und helfen, die Qualität der produzierten Werkstücke zu verbessern.

In Bild 5.13 ist die Struktur des QDS-Systems dargestellt. Das QDS-System ist aus Objekt-Modellen, Programm-Modulen und Schnittstellen-Modulen aufgebaut. Bei den Objekt-Modellen handelt es sich um das Produkt-, Prozeß-, System-, Umwelt-,

Operationsauftrags- und Operationsplan-Modell. Die Systemfunktionalitäten sind in die Programm-Module strukturiert. Hier stehen dem QDS-System Module zur Qualitätsdatenverwaltung, -verarbeitung und -auswertung, zur Fehlerbehandlung und zur Systemkonfiguration und -verwaltung zur Verfügung. Die Leistungsfähigkeit des QDS-Systems hängt im starken Maße von der Integration des QDS-Systems in den flexiblen Fertigungszellen ab. Daher kommen den Schnittstellen-Modulen zur Qualitätsdatenbasis, zum Bediener und zum Zellenrechner besondere Bedeutung zu.

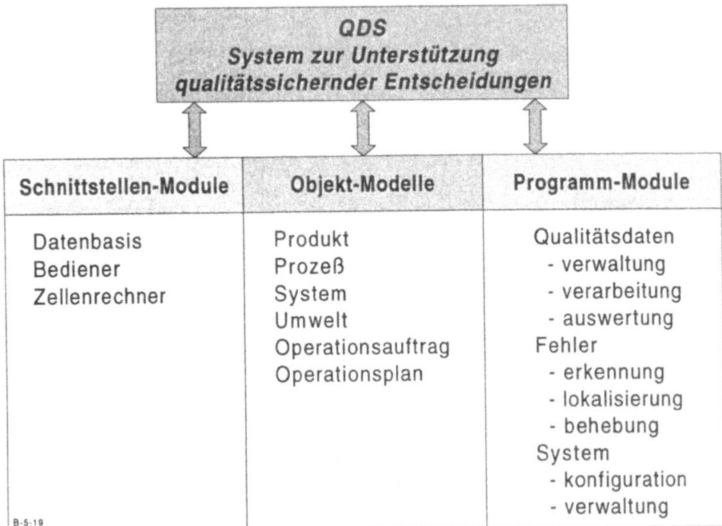

Bild 5.13: Struktur des QDS-Systems

In Bild 5.14 ist die zentrale Bedieneroberfläche des QDS-Systems abgebildet. Sie ist in drei Bereiche eingeteilt. Im ersten Bereich befinden sich zwei Menüzeilen. In der oberen Menüzeile sind die Funktionen zur Fehlerbehandlung

- Soll-Daten,
- Ist-Daten,
- Überwachung (Fehlererkennung),
- Diagnose (Fehlerlokalisierung) und
- Therapie und Recovery (Fehlerbehebung)

angeordnet.

In der unteren Menüzeile sind die Systemfunktionen

- Konfiguration,
- Betriebsmodus,
- Kommunikation,
- Logfiles,
- Visualisierung,
- Tools und
- Ende

angeordnet.

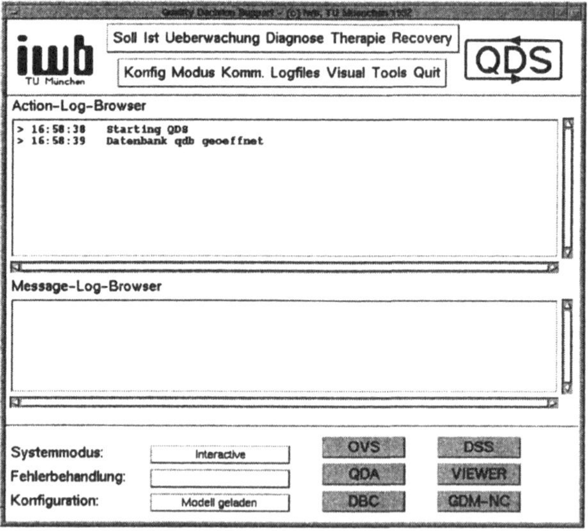

Bild 5.14: Bedieneroberfläche des QDS-Systems

Zentrales Element der Bedieneroberfläche ist das Aktions- und das Meldungsfenster. Im Aktionsfenster werden alle Aktionen des QDS-Systems mitprotokolliert. Im Meldungsfenster werden alle ein- und ausgehenden Meldungen mit einem Zeitstempel festgehalten. Im unteren Bereich der Bedienoberfläche wird der System-, Fehlerbehandlungs- und Konfigurationsstatus angezeigt. Ebenso können hier die im weiteren nicht weiter beschriebenen Qualitätsinformationssystem-Funktionalitäten ausgelöst werden.

5.4.2 Objekt-Modelle

5.4.2.1 Strukturierung des QDS-Systems in Objekt-Modelle

Die Strukturierung der Qualitätsdaten in Umwelt-, System-, Prozeß- und Produktdaten sowie in Soll- und Ist-Daten erleichtert die Abbildung und Verarbeitung der Qualitätsdaten im QDS-System. Auf der Basis dieser Strukturierung erfolgt eine Modularisierung des QDS-Systems in einzelne Objekt-Modelle. Die in Abschnitt 5.4.1 angesprochenen Objekt-Modelle müssen konfigurationsneutral, erweiterbar, modular und vollständig sein.

- *Konfigurationsneutralität:* Die Objektstruktur zur Abbildung der Qualitätsmerkmale soll vom Bearbeitungssystem unabhängig sein. Dies ist Voraussetzung für den Einsatz des QDS-Systems in unterschiedlichen flexiblen Fertigungszellen.
- *Erweiterbarkeit:* Das Kriterium der Erweiterbarkeit der Objektstruktur bezieht sich sowohl auf die abzubildenden Qualitätsmerkmale als auch auf die konfigurierbaren Systeme und Prozesse. Die in der Objektstruktur dargestellten Qualitätsmerkmale sollten verändert und um neue Qualitätsmerkmale ergänzt werden können.
- *Modularität:* Neben der Konfiguration eines Komplett-Modells, welches die Modellierung beliebiger flexibler Fertigungszellen ermöglicht, soll die Objektstruktur auch die Konfiguration von Teil-Modellen oder Standard-Modellen unterstützen. Unter einem Teil-Modell wird hierbei das Umwelt-, das System-, das Prozeß- oder das Produkt-Modell verstanden. Die Standard-Modelle beziehen sich auf die verschiedenen Fertigungsverfahren (Drehen, Bohren, Fräsen etc.).
- *Vollständigkeit:* Die Objektstruktur muß die Abbildung aller relevanten Qualitätsmerkmale ermöglichen. Nur so kann ein umfassender Ansatz zur Qualitätssicherung unterstützt werden.

Die Objekt-Modelle ermöglichen es dem QDS-System, sich in seiner Datenstruktur konkreten Problemen qualitätssichernder Aufgabenstellungen anzupassen. Diese Anpassung erfolgt in einer Konfigurationsphase. In dem System zur Unterstützung qualitätssichernder Entscheidungen sind sechs Objekt-Modelle realisiert (Kap. 5.4.1), in denen sämtliche Qualitätsdaten eines Produktes, Prozesses, Systems und der Umwelt abgebildet werden können. Die Verwendung der einzelnen Objektmodelle hängt von der Aufgabenstellung ab. Soll z.B. im Rahmen einer präventiven Überprüfung geklärt werden, ob die realen Zustände der Umwelt mit den geforderten Zuständen übereinstimmen, so ist lediglich das Umwelt-Modell erforderlich. Soll hingegen eine durchgängige Fehlerbehandlung, ausgehend von einer qualitativen Überprüfung des Produktes durchgeführt werden, so sind alle Objekt-Modelle erforderlich. In den folgenden Abschnitten werden vier der sechs Objekt-Modelle, das Produkt-Modell, das Prozeß-Modell, das System-Modell und das Umwelt-Modell vorgestellt.

5.4.2.2 Produkt-Modell

Das Produkt-Modell stellt die objektorientierte Abbildung aller qualitätsrelevanten Merkmale eines beliebigen, herzustellenden Werkstücks dar. Die Struktur des Produkt-Modells ist in Bild 5.15 abgebildet.

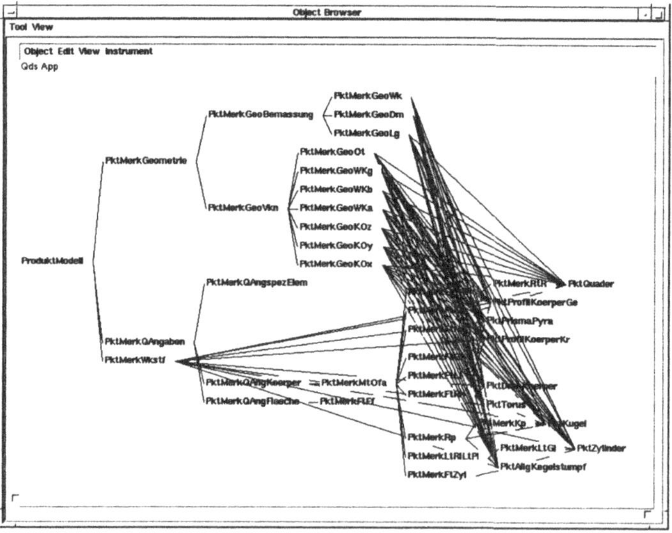

Bild 5.15: Produkt-Modell

Unter dem Objekt "ProduktModell" erfolgt eine Aufteilung der qualitätsrelevanten Merkmale in die drei Objektbäume

- Geometriemerkmale "PktMerkGeometrie",
- Qualitätsmerkmale "PktMerkQAngaben" und
- Werkstoffangaben "PktMerkWkstf".

In diesen Objektbäumen werden alle notwendigen qualitätsrelevanten Informationen als Objekteigenschaften definiert. In der untersten Ebene des Produkt-Modells sind die elementaren Volumenelemente angeordnet, aus denen Werkstücke aufgebaut sein können. Es handelt sich hierbei um Volumenelemente wie Zylinder, Prisma, Kugel, Torus etc. Diese Volumenelemente tragen die jeweils für sie spezifischen Merkmale als Objekteigenschaften durch Vererbung übergeordneter Objekte. Die Abbildung der Produktstruktur erfolgt durch die Verknüpfung der Instanzen der Volumenelemente.

5.4.2.3 Prozeß-Modell

Im Prozeß-Modell werden die Qualitätsmerkmale der Bearbeitungsverfahren abgebildet. Die Struktur des Prozeß-Modells ist in Bild 5.16 dargestellt.

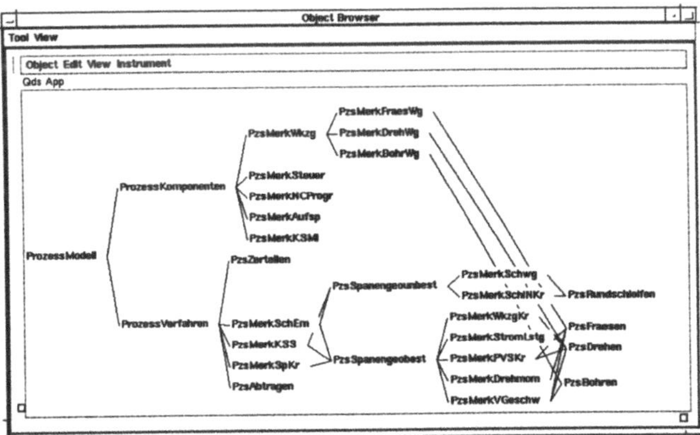

Bild 5.16: Prozeß-Modell

Unter dem Objekt "ProzessModell" erfolgt die Aufteilung der Qualitätsmerkmale in die beiden Objektbäume

- komponentenspezifische Merkmale "ProzessKomponenten" und
- verfahrensspezifische Merkmale "ProzessVerfahren".

In den Objektbäumen werden die Qualitätsmerkmale der in der DIN-Hauptgruppe "Trennen" /DIN 8580/ aufgeführten Bearbeitungsverfahren für das Spanen mit geometrisch bestimmter und unbestimmter Schneide abgebildet. Diese werden in der untersten Ebene des Prozeß-Modells unter den vier, für die flexible Fertigung wichtigsten Beabeitungsprozessen zusammengefaßt. Diese sind der Bohr-, Dreh-, Fräs- und Schleifprozeß. Die Instanzen der Objekte ermöglichen die Abbildung der Qualitätsdaten des Bearbeitungsverfahrens.

5.4.2.4 System-Modell

Im System-Modell werden die Qualitätsmerkmale der Maschinen, in denen Bearbeitungsprozesse ablaufen, abgebildet. Da in Systemen, wie z.B. in Bearbeitungszentren, mehrere Prozesse ablaufen können, werden die Qualitätsmerkmale von System und Prozeß getrennt abgebildet. Die Struktur des System-Modells lehnt sich an die Strukturierung nach /DIN 8601/ an (Bild 5.17) dargestellt.

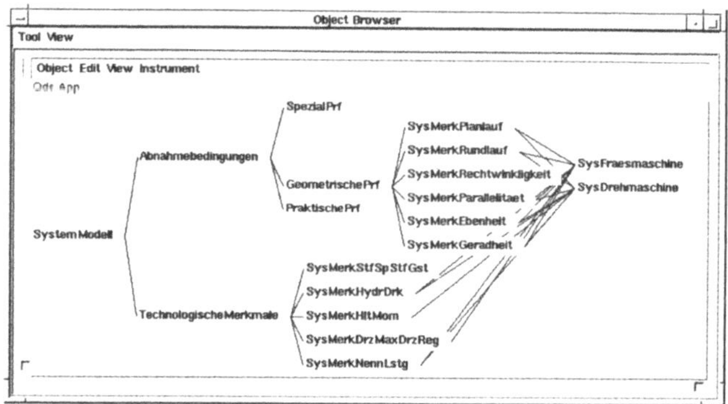

Bild 5.17: System-Modell

Die Qualitätsmerkmale werden in die Objektbäume

- Abnahmebedingungen und
- Technologische Merkmale

unterteilt, in denen die Eigenschaften der unterschiedlichen Systeme abgebildet werden. In der untersten Ebene erfolgt die Zusammenfassung der Eigenschaften für die Objekte Fräsmaschine und Drehmaschine. Durch Instanzen dieser Objekte erfolgt die Anpassung an das jeweilige betrachtete System.

5.4.2.5 Umwelt-Modell

Die Umwelt legt die Umgebungsbedingungen des Systems und der Prozesse, die in dem System stattfinden, fest. Die Qualitätsmerkmale der Umwelt werden in dem in Bild 5.18 dargestellten Umwelt-Modell abgebildet. Die qualitativen Eigenschaften beziehen sich auf die Temperatur, die Luftfeuchtigkeit sowie die mechanische, thermische und elektromagnetische Belastung der Umwelt. Diese werden in der untersten Ebene des Objektmodelles in den Betrachtungsobjekten

- normal belastete Umwelt "UmweltNormBel",
- mechanisch belastete Umwelt "UmweltMechBel",
- thermisch belastete Umwelt "UmweltThermBel",
- elektromagnetisch belastete Umwelt "UmweltElmBel" und
- total belastete Umwelt "UmweltTotalBel"

unterteilt, die durch Instanzen auf die jeweils vorhandene Umwelt angepaßt werden.

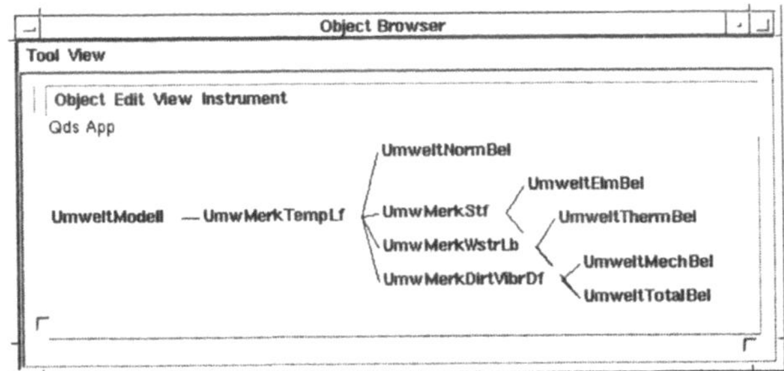

Bild 5.18: Umwelt-Modell

5.4.3 Fehlerbehandlung

5.4.3.1 Funktionale Integration des QDS-Systems

Das System zur Unterstützung qualitätssichernder Entscheidungen - QDS - ist in die Steuerungsstruktur der flexiblen Fertigungszellen daten- und informationsfluß-technisch integriert. Funktional steht das QDS-System den Zellenrechnern zur Fehlerbehandlung dienstleistend zur Verfügung. Diese funktionale Integration beruht auf dem Client-Server-Prinzip (Bild 5.19).

Auf der einen Seite wirkt das QDS-System als "Server" (Lieferant) und auf der anderen Seite als "Client" (Kunde). Als Server bietet das QDS-System Dienste zur Behandlung technischer Fehler sowie zur Meßdateninterpretation und -integration an. Die Dienste zur Behandlung technischer Fehler können von den Fertigungszellenrechnern, die Dienste zur Meßdateninterpretation und -integration von den Meßzellenrechnern angefordert werden. Als Client fordert das QDS-System Dienste zur System- und Prozeßüberwachung, zur Durchsetzung technischer Maßnahmen zur Fehlerbehebung sowie zur Durchführung von Messungen bei den jeweils zuständigen Zellenrechnern an.

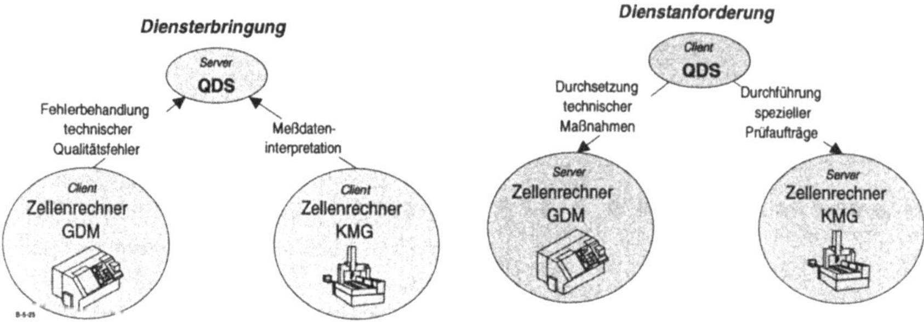

Bild 5.19: Funktionale Integration des QDS-Systems

5.4.3.2 Programm-Modul zur Fehlerbehandlung

Die integrierte Fehlerbehandlung stellt den zentralen Bestandteil des Systems zur Unterstützung qualitätssichernder Entscheidungen dar. Die Aufgabe der Fehlerbehandlung ist die Behandlung von möglichen und aufgetretenen Fehlern, die zu Qualitätsverlusten führen können oder geführt haben. Das QDS-System unterstützt dabei die Zellenrechner. Die integrierte Fehlerbehandlung stellt eine Dienstleistungsfunktion dar, die die Zellenrechner der Fertigungszellen in Anspruch nehmen können. Dies ist der Fall, wenn sie aufgrund der Qualitätsdaten, über die sie verfügen, nicht in der Lage sind, Aussagen über die Qualität des Werkstückes oder des Fertigungsprozesses zu treffen oder wenn sie zur Ermittlung geeigneter Stellgrößen, die für die Verbesserung der Qualität notwendig sind, nicht über das erforderliche Wissen verfügen. Die Fehlerbehandlung des QDS-Systems kann hierfür auf eine umfassende Fehlerwissens- und Qualitätsdatenbasis sowie hybride - assoziative und modellbasierte - Verfahren zur Lösung dieser Aufgaben zurückgreifen.

Der Ablauf der Fehlerbehandlung wird von dem aktuellen Betriebsmodus des QDS-Systems beeinflußt. Es unterstützt einen

- Interaktiven - Betriebszustand und einen
- Standby - Betriebszustand.

Im *interaktiven* Betriebszustand wird die Fehlerbehandlung manuell durch den Bediener der flexiblen Fertigungszellen durchgeführt. Er reagiert auf Anforderungsmeldungen der Zellenrechner und bestimmt daraufhin den Zeitpunkt der Fehlerbehandlung. Er löst die einzelnen Schritte der Fehlerbehandlung graphisch interaktiv aus und erhält nach der Beendigung der Schritte eine Ausgabe der jeweils ermittelten Ergebnisse. Anhand dieser Kenntnis kann er auf den weiteren Verlauf der Fehlerbehandlung direkt Einfluß nehmen.

Im *Standby* Betriebszustand erfolgt die Durchführung der Fehlerbehandlung automatisch, ohne Eingriff des Bedieners. Der Beginn der Fehlerbehandlung wird durch einen eingehenden Fehlerbehandlungsauftrag markiert. Für die Steuerung der Fehlerbehandlung stehen dem Bediener die Befehle der in der Bedieneroberfläche des QDS-Systems auswählbaren Funktionen zur Verfügung.

Der Bediener kann, neben der Ausführung jeder Funktion, Informationen über den aktuellen Zustand der Fehlerbehandlung anfordern. Dadurch ist ein gezieltes Wiederaufsetzen nach eingetretenen Unterbrechungen gewährleistet. Die Fehlerbehandlung unterteilt sich in die fünf Schritte

- Laden der Soll-Daten,
- Laden der Ist-Daten,
- Fehlererkennung,
- Fehlerlokalisierung und
- Fehlerbehebung.

Laden der Soll-Daten: Die Grundlage der Fehlerbehandlung sind die in der Qualitätsdatenbasis abgebildeten Soll- und Ist-Daten der Werkstücke und des Fertigungsprozesses. Ausgehend von den Anforderungsmeldungen der Zellenrechner der Fertigungszelle muß der Bediener zunächst das Laden der Solldaten veranlassen. Dazu stehen ihm die auftragsbezogene Auswahl und die maschinenbezogene Auswahl der Soll-Daten zur Verfügung. Bei der auftragsbezogenen Auswahl wird vorausgesetzt, daß der Bediener die Kenntnis über den derzeit auf der jeweiligen Maschine eingelasteten Fertigungsauftrag besitzt. Er kann mit Hilfe von Auswahlfenstern über die vorhandenen Operationsauftrags- und Operationsplan-Identifikationen die betreffende Operationsfolge-Identifikation, die dem jeweiligen Zellenauftrag entspricht, spezifizieren. Bei der maschinenbezogenen Auswahl wird dem Bediener nach der Auswahl der jeweiligen Fertigungszelle die Identifikation des darin eingelasteten Zellenauftrages bzw. der Operationsfolge angezeigt. Anhand dieser Identifikation erfolgt das Laden der Soll-Daten für die entsprechenden Qualitätsmerkmale des Werkstücks aus der Qualitätsdatenbasis. Die systeminterne Abbildung dieser Daten erfolgt durch Instanzen der entsprechenden Volumenelemente im Produkt-Modell. Die abgebildeten Qualitätsmerkmale werden im Aktionsfenster der Bedieneroberfläche angezeigt.

Laden der Ist-Daten: Nach dem Laden der Soll-Daten der spezifizierten Operationsfolge löst der Bediener das Laden der Ist-Daten aus. Dieser Vorgang erfolgt ohne weitere Angaben des Bedieners. Anhand der im Produkt-Modell abgebildeten Soll-Daten, speziell der Sollwert-Identifikationen, werden aus der Qualitätsdatenbasis die entsprechenden Ist-Daten herausgelesen. Die Unterscheidung erfolgt anhand der Istwert-Identifikation, die sämtliche gemessenen Ist-Daten entsprechend des Entstehungszeitpunktes in aufsteigender Reihenfolge kennzeichnet. Die ausgelesenen Qualitätsmerkmale werden dem Bediener im Aktionsfenster angezeigt.

Fehlererkennung: Mit Hilfe des Befehles "Überwachung starten" kann der Bediener, nachdem Soll- und Ist-Daten für die Qualitätsmerkmale geladen worden sind, die Durchführung der Fehlererkennung auslösen. Die Fehlererkennung erfolgt anhand des in Abschnitt 4.3 beschriebenen Inferenzverfahrens. Dabei werden iterativ sämtliche Instanzen innerhalb des Produkt-Modells auf Abweichungen hin untersucht. Die durch einen Soll/Ist-Vergleich ermittelten Abweichungen werden klassifiziert, eine Entscheidung wird darüber getroffen, ob ein Fehler aufgetreten ist, der eine weitere Fehlerbehandlung notwendig macht. Für die fehlerhaften Qualitätsmerkmale werden mit Hilfe des Fehlerwissens die notwendigen Identifikationen für den Fehlerort und die Fehlerart ermittelt. Sie werden mit den entsprechenden Identifikationen in die Fehlerliste eingetragen. Die Ergebnisse der Fehlererkennung werden dem Bediener im Aktionsfenster in Verbindung mit einer graphischen Darstellung des Produktes dargestellt.

Fehlerlokalisierung: Nach der Fehlerlokalisierung leitet der Bediener mit Hilfe des Befehls "Diagnose starten" die Fehlerlokalisierung ein. In ihr werden für die in der Fehlerliste eingetragenen fehlerhaften Qualitätsmerkmale die Fehlerursachen lokalisiert. Die Fehlerlokalisierung erfolgt anhand des in Abschnitt 4.3 beschriebenen Inferenzverfahrens, in dem auf das Fehlerwissen über mögliche Fehlerursachen und auf funktionales Fehlerwissen zugegriffen wird. Die Fehlerlokalisierung unterteilt sich in die zwei Schritte "Eingrenzung des Ursachensuchraums" und "Hypothesenbildung und -verifikation". Im Rahmen der Eingrenzung des Ursachensuchraumes werden die vorhandenen Qualitätsdaten des Produktes auf bestimmte Fehlermuster hin untersucht, die Aufschluß über mögliche fehlerhafte Komponenten des Fertigungsprozesses geben, die im Verlauf der Werkstückbearbeitung zu den Fehlern geführt haben können. Innerhalb der Fehlerlokalisierung sind entsprechende Kriterien für die Ursachensuchräume Werkzeugfehler, Nullpunktverschiebungsfehler,

Geometriedatenfehler und Technologiedatenfehler realisiert. In der Hypothesenbildung und -verifikation werden die möglichen Fehlerursachen der Ursachensuchräume auf ihr Zutreffen hin untersucht. Hierzu wird vorausgesetzt, daß ein aufgetretener Fehler im Fertigungsprozeß, der für einen Fehler an einem Produkt verantwortlich gemacht werden kann, am Werkstück charakteristische Fehlersymptome hinterläßt. Entsprechende Fehlersymptome sind beispielweise die, aus dem Ursachensuchraum Werkzeugfehler stammenden potentiellen Fehlerursachen Tippfehler des Bedieners, unzulässiger Werkzeugverschleiß, falsches Werkzeug in der Maschine und fehlerhafte Werkzeugvermessung. Diese Fehlersymptome werden anhand aktueller Daten, die über den Zellenrechner der entsprechenden Bearbeitungszelle aus der Maschinensteuerung angefordert werden, und der Daten aus der Qualitätsdatenbasis überprüft. Die ermittelten Fehlerursachen werden in die Ursachenliste eingetragen. Die Ergebnisse der Fehlerlokalisierung werden dem Bediener im Aktionsfenster in Verbindung mit einer graphischen Darstellung angezeigt.

Fehlerbehebung: Im Anschluß an die Fehlerlokalisierung leitet der Bediener mit dem Befehl "Therapie starten" die Generierung geeigneter Behebungsmaßnahmen ein. In ihr werden für die in der Ursachenliste eingetragenen Fehlerursachen die entsprechenden Maßnahmen erstellt, mit denen die Fehlerursachen behoben werden können. Hierfür greift die Fehlerbehebung auf das Fehlerwissen über Fehlerbehebungsmaßnahmen zurück. Die Fehlerbehebung erfolgt in den Schritten "Ermittlung geeigneter Maßnahmen", "Ermittlung geeigneter Korrekturwerte" und "Plausibilitätskontrolle der Behebungsmaßnahme". Die Ermittlung geeigneter Behebungsmaßnahmen erfolgt anhand von Zuordnungslisten, in denen für alle möglichen Fehlerursachen die geeigneten Behebungsmaßnahmen angegeben sind. Stehen mehrere Maßnahmen zur Verfügung, so entscheidet das Inferenzverfahren auf der Basis der bekannten Daten, mit welcher Maßnahme die Ursache am besten behoben werden kann. Dies erfolgt für alle in der Ursachenliste eingetragenen Fehlerursachen. Neben der Ermittlung des allgemeinen Verfahrens, wie die Ursache behoben werden kann, wird für den entsprechenden Parameter des Fertigungsprozesses, auf den die jeweilige Maßnahme Einfluß nimmt, ein neuer Wert bzw. ein Korrekturwert bestimmt. Dies erfolgt durch einen Vergleich des Istwertes und des Sollwertes des Parameters sowie der entstandenen Abweichung. Sämtliche generierten Maßnahmen werden in die Maßnahmenliste eingetragen. Die Plausibilitätskontrolle überprüft die Maßnahmenliste auf eventuell vorhandene Maßnahmen, die sich in ihrer Wirkung überschneiden, und ersetzt solche Maßnahmen durch eine einzige. Die Ergebnisse der Fehlerbehebung werden dem Bediener in Form eines Fehlerbehandlungsberichtes in Verbindung mit einer graphischen Darstellung mitgeteilt.

5.5 Einsatzbeispiel der integrierten Qualitätssicherung in flexiblen Fertigungszellen

In diesem Abschnitt wird ein Einsatzbeispiel der im Rahmen dieser Arbeit realisierten integrierten Qualitätssicherung in flexiblen Fertigungszellen beschrieben (Bild 5.20).

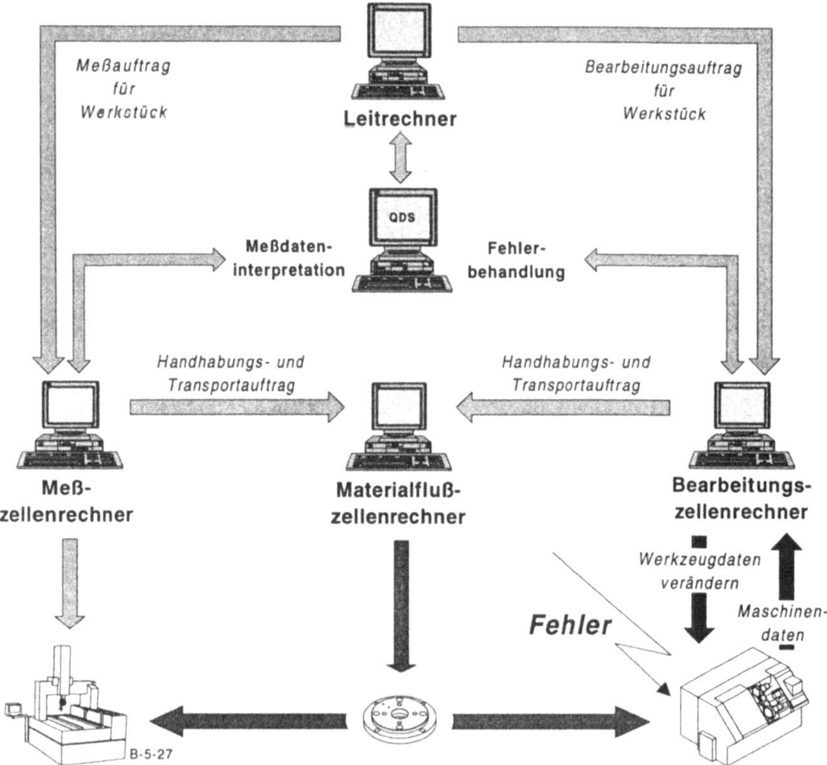

Bild 5.20: Einsatzbeispiel

Im flexiblen Fertigungssystem am iwb - bestehend aus mehreren flexiblen Fertigungszellen - wird im Einsatzbeispiel im Auftragsmix gearbeitet. Das bedeutet, daß verschiedene Aufträge mit unterschiedlichen Werkstücken gleichzeitig in den Fertigungszellen bearbeitet werden, um eine möglichst hohe Auslastung zu erreichen. Für unterschiedliche Aufträge innerhalb einer Fertigungszelle werden getrennte

Werkzeugsätze verwendet, um eine eindeutige Betriebsmittelzuordnung zu gewährleisten.

In die laufende Fertigung eines Gehäusebodens in der Drehzelle wird ein Auftrag zur Gehäusedeckelbearbeitung eingelastet. Nach der Bearbeitung des ersten Gehäusedeckels ist eine Ersteilprüfung in der Meßzelle auf dem Koordinatenmeßgerät vorgesehen. Nach der Beendigung der Bearbeitung wird der Gehäusedeckel zum Koordinatenmeßgerät transportiert und dort gemessen. Während der Messung wird in der Drehzelle der Gehäusebodenauftrag weiterbearbeitet, um Stillstandszeiten der Drehmaschine zu vermeiden.

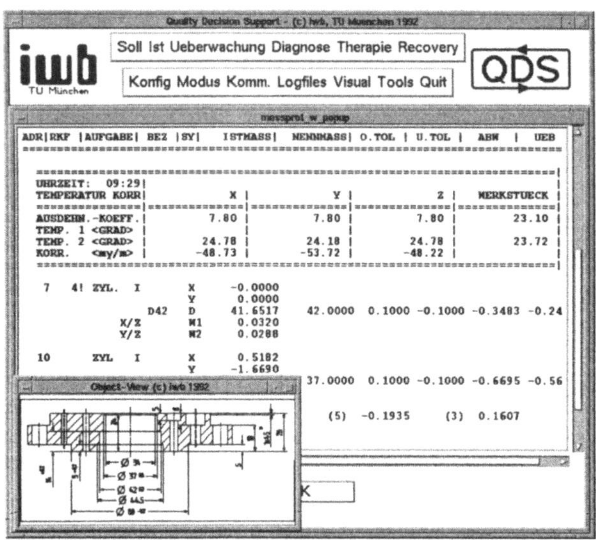

Bild 5.21: Meßprotokoll des Gehäusedeckels

Nach der Messung des Gehäusedeckels wird das Meßprotokoll an den Zellenrechner der Meßzelle übergeben. Der Qualitätssicherungsprozeß des Zellenrechners übergibt das Meßprotokoll mit der Anforderung der Meßdateninterpretation an das QDS-System. Das QDS-System wertet das Meßprotokoll aus und stellt an den gemessenen Funktionsflächen, den drei Lagersitzen, gleichartige Abweichungen fest. Das Werkstück wird vom QDS-System als nachzuarbeitendes Werkstück gekennzeichnet. In den Auftragsdaten des Gehäusedeckels wird die Information der fehlerhaften Bearbeitung des ersten Werkstücks eingetragen (Bilder 5.21 und 5.22).

Ist in der Zwischenzeit die Bearbeitung des Gehäusebodens in der Bearbeitungszelle beendet, wird der Zellenauftrag für die Bearbeitung des zweiten Gehäusedeckels fortgeführt. Da in den Auftragsdaten der erste bearbeitete Gehäusedeckel als fehlerhaft gekennzeichnet wurde, startet der Zellenrechner vor der Bearbeitung die Fehlerbehandlung. Während der Fehlerbehandlung wird auf die Drehmaschine direkt zugegriffen, um die für die Fehlerbehandlung erforderlichen, Daten zu erhalten. In dem Einsatzbeispiel ist das verwendete Werkzeug ein Schwesterwerkzeug. Daher waren die Werkzeugkorrekturwerte des an der Bearbeitung beteiligten Werkzeugs in der Maschinensteuerung falsch. In der Fehlerbehandlung wird der aufgetretene Fehler erkannt, die Fehlerursache ermittelt und als Schwesterwerkzeugfehler bestimmt. Die vom QDS-System ermittelte Fehlerbehebungsmaßnahme wird vom QDS-System über den Qualitätssicherungsprozeß des Zellenrechners dirket in der Drehmaschine durchgesetzt.

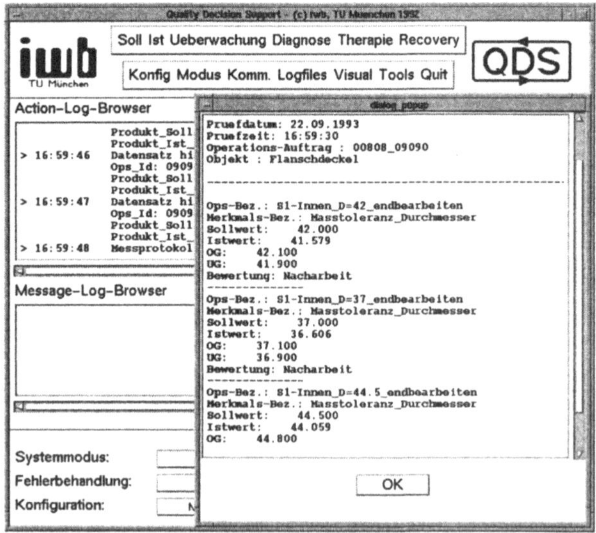

Bild 5.22: Ergebnis der Meßprotokollinterpretation

Die ermittelte Maßnahme führt eine Verbesserung der Werkzeugkorrekturwerte mit den berechneten neuen Korrekturwerten durch. Meldet der Zellenrechner dem QDS-System diese Umsetzung als beendet, ist für das QDS-System der Auftrag zur Fehlerbehandlung erfüllt. Das QDS-System seinerseits meldet den Fehlerbehandlungsauftrag dem Zellenrechner als beendet.

Das Ergebnis der Fehlerbehandlung ist in Bild 5.23 dargestellt. Die ermittelten Behebungsmaßnahmen werden in die Qualitätsdatenbasis eingetragen, mit deren Hilfe statistische Auswertungen über die Häufigkeit aufgetretener Fehler und deren Ursachen durchgeführt werden können. Durch die erfolgreiche Beendigung der Fehlerbehandlung kann nun mit der Bearbeitung des zweiten Gehäusedeckels begonnen werden. Sollte die Fehlerbehandlung nicht erfolgreich verlaufen sein, wird der Zellenauftrag vorläufig gesperrt. Im Anschluß an die Bearbeitung des zweiten Gehäusedeckels wird dieser in der Aufspannung in der Drehmaschine durch einen Meßtaster gemessen. Diese Messung dient als Überprüfung der durchgeführten Fehlerbehandlung. Die Meßwerte werden an den Zellenrechner übergeben. Dieser interpretiert die Meßergebnisse und stellt die Übereinstimmung der gemessenen Werte mit den Vorgabewerten fest. Die Meßwerte werden nun noch vom Qualitätssicherungsprozeß des Zellenrechners in die gemeinsame Qualitätsdatenbasis übertragen.

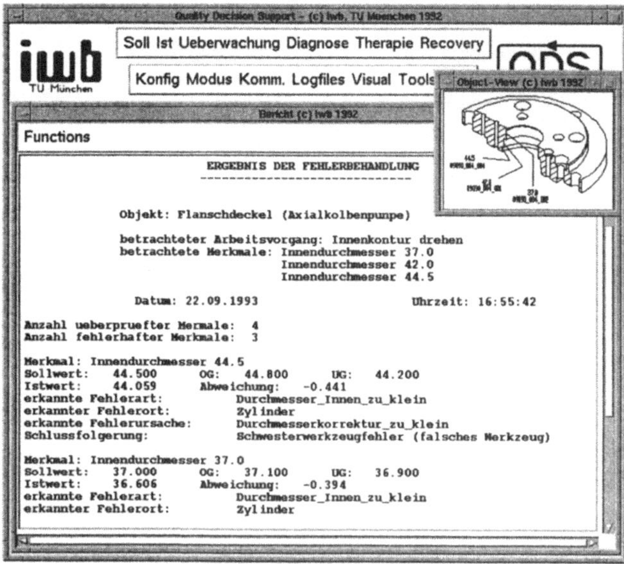

Bild 5.23: Ergebnis der Fehlerbehandlung

5.6 Zusammenfassung

Das Konzept zur integrierten Qualitätssicherung in flexiblen Fertigungszellen wird auf der Grundlage der beschriebenen System- und Entwicklungsumgebung am iwb realisiert. Die gewählte Struktur und die Vorgehensweisen zur Qualitätssicherung in der flexiblen Fertigung ermöglichen sowohl eine präventive Betrachtung der Fertigungsprozesse als auch eine wirkungsvolle Behandlung aufgetretener Fehler, die zu Qualitätsverlusten führen können oder bereits geführt haben. Das Konzept umfaßt fünf Schwerpunktbereiche

- Aufbau und Realisierung einer Qualitätsdatenbasis,
- Qualitätsgerechte Einbindung der Komponenten von Fertigungszellen,
- Entwicklung eines Qualitätssicherungsprozesses für Zellenrechner,
- Aufbau und Realisierung eines Systems zur Unterstützung qualitätssichernder Entscheidungen - QDS - und
- die daten- und informationsflußtechnische Integration der realisierten Bestandteile der Qualitätssicherung in flexiblen Fertigungszellen.

Abschließend wird anhand eines Einsatzbeispiels die Vorgehensweise der integrierten Qualitätssicherung und die Leistungsfähigkeit des erarbeiteten Konzepts dargestellt.

6 Zusammenfassung und Ausblick

6.1 Zusammenfassung

Durch die veränderten Marktbedingungen haben sich auch die Anforderungen an die Produktion geändert. Produkte müssen in Zukunft innerhalb kürzerer Zeit bei zunehmender Variantenvielfalt, in kleineren Losgrößen und mit einem höheren Qualitätsniveau hergestellt werden. Eine Lösung, diesen Anforderungen gerecht zu werden, ist der Einsatz von flexiblen Fertigungszellen in der Fertigung. In flexiblen Fertigungszellen können Werkstücke in kleinen Stückzahlen und unterschiedlichsten Varianten flexibel hergestellt werden. Ein Defizit beim Einsatz von flexiblen Fertigungszellen ist jedoch die bislang fehlende systematische Vorgehensweise zur Sicherung und Verbesserung des Qualitätsniveaus der Werkstücke.

Ziel der Arbeit ist daher ein Konzept zur integrierten Qualitätssicherung in flexiblen Fertigungszellen, das Fehler, die zu Qualitätsverlusten führen, frühzeitig erkennt und durch die Umsetzung qualitätssichernder Maßnahmen im technischen Prozeß behebt. Hierfür ist der Übergang von der dem technischen Prozeß nachgeschalteten Qualitätskontrolle auf die den technischen Prozeß begleitende Qualitätsregelung erforderlich.

Das Konzept zur integrierten Qualitätssicherung in flexiblen Fertigungszellen umfaßt dabei folgende Punkte:

- Bildung von Qualitätsregelkreisen in flexiblen Fertigungszellen;
- Qualitätsgerechte Einbindung aller Komponenten der Fertigungszellen;
- Bestimmung der Objekte und Aufgaben der Qualitätssicherung in flexiblen Fertigungszellen;
- Strukturierung der Einflußgrößen auf die Produktqualität sowie deren kausalen Zusammenhänge;
- Definition und Abbildung aller Qualitätsdaten in einem produktzentrierten Qualitätsdatenmodell. Aufbau und Integration einer Qualitätsdatenbasis - QDB;
- Entwicklung von Funktionen zur Qualitätssicherung. Einbindung der Funktionen in bestehende Systeme der Fertigungsleittechnik;

- Erarbeitung einer ganzheitlichen Systematik zur Behandlung von Fehlern in flexiblen Fertigungszellen aufbauend auf hybriden wissensbasierten Verfahren zur Fehlerbehandlung;
- Aufbau eines zentralen entscheidungsunterstützenden Systems - QDS -, das in die Steuerungsstruktur der flexiblen Fertigungszelle integriert ist und die Aufgaben der Fehlerbehandlung übernimmt;

Die Strukturierung der Qualitätssicherungsaufgaben und die Erarbeitung einer Systematik für die Erfassung, Auswertung und Behebung von Fehlern, die zu Qualitätsverlusten führen, haben die Entwicklung von Qualitätssicherungsfunktionalitäten in flexiblen Fertigungszellen ermöglicht. Durch die Integration der Qualitätssicherungsfunktionen in flexiblen Fertigungszellen können Qualitätsdaten aus dem technischen Prozeß rückgeführt, Fehler erkannt, Behebungsmaßnahmen generiert und durchgesetzt werden.

Die integrierte Qualitätssicherung in flexiblen Fertigungszellen führt durch die Bildung von Qualitätsregelkreisen zu einer erhöhten Reaktionsgeschwindigkeit bei auftretenden Fehlern sowie deren Behebung. Die Qualität der in den flexiblen Fertigungszellen hergestellten Werkstücke wird somit verbessert.

6.2 Ausblick

In der Vergangenheit wurden grundlegende Aspekte der Verfügbarkeit von flexiblen Fertigungszellen sowie der Diagnose von technischen Systemausfällen untersucht und Lösungsansätze erarbeitet. Diese Lösungsansätze flossen in die Entwicklung neuer flexibler Fertigungszellen ein. Diagnosesysteme, die zum Teil in die Maschinensteuerungen integriert wurden, unterstützen den Maschinenbediener bei der Diagnose und Behebung von Maschinenausfällen.

Innerhalb dieser Arbeit ist der Aspekt der Qualitätssicherung innerhalb flexibler Fertigungszellen untersucht worden. Ein Konzept zur integrierten Qualitätssicherung wurde erarbeitet und beispielhaft realisiert.

Es ist jetzt ein Stand erreicht, der es sinnvoll erscheinen läßt, in einem ganzheitlichen Ansatz die Gestaltung, die Inbetriebnahme und den Dauerbetrieb von Fertigungszellen zu untersuchen. Zielsetzung ist, daß Fertigungszellen zeitlich begrenzt, ohne menschliche Eingriffe, die vorgegebenen Aufgaben trotz veränderter bzw. gestörter Umgebung zuverlässig erfüllen können. Diese Eigenschaften und Merkmale von Fertigungszellen lassen sich unter dem Begriff "Autonome, fehlertolerante Fertigungszellen" zusammenfassen (Bild 6.1).

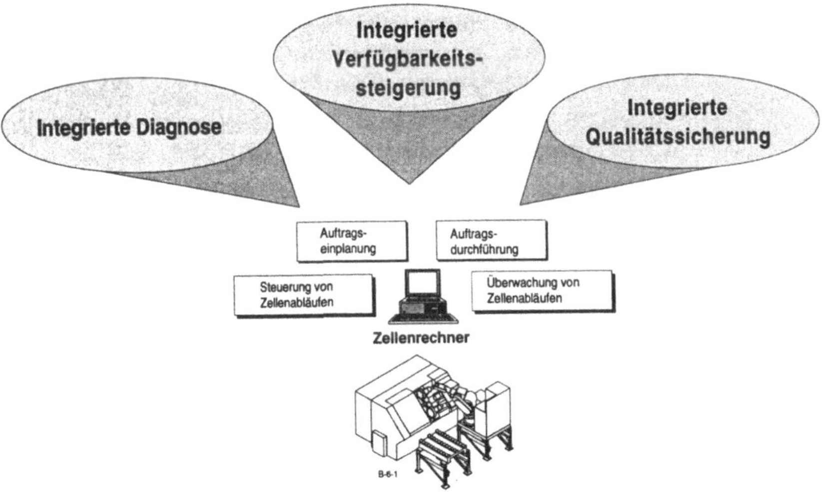

Bild 6.1: Autonome, fehlertolerante Fertigungszelle

Grundlage autonomer, fehlertoleranter Fertigungszellen sind die Elemente der integrierten Verfügbarkeitssteigerung, Diagnose und Qualitätssicherung. Autonome, fehlertolerante Fertigungszellen sind Systeme, die auftretende Fehler, bis hin zum Anlagenstillstand, selbst erkennen und die Ursachen für die Fehler selbständig beseitigen. Innerhalb autonomer, fehlertoleranter Systeme müssen daher Funktionalitäten zur Verbesserung der Verfügbarkeit, zur Diagnose und zur Qualitätssicherung vorhanden sein.

Ziel ist die umfassende ganzheitliche Betrachtung dieser Funktionalitäten zum Aufbau einer klar strukturierten und ablauforientierten Fehlerbehandlungskette. Durch die Umsetzung der angesprochenen Punkte kann ein mannarmer Betrieb realisiert werden, d.h. ein zeitlich begrenzter Betrieb, der ohne menschliche Eingriffe die vorgegebenen Aufgaben trotz veränderter bzw. gestörter Umgebung zuverlässig erfüllen kann.

7 Literaturverzeichnis

/Abar 87/ Abarbanel, R. M.; Williams, M. D.: A Relational Representation for Knowledge Bases. in: Expert Database Systems, The Benjamin/Cummings Publishing Company. 1987, S.191 - 205.

/Ande 90/ Anders, H.-M.; Schuhmann, J.; Weiß, U.: Analyse des heutigen CAQ-Einsatzes. QZ (1990) 35, S. 262 - 267.

/Auge 89/ Auge, J.: Qualitätsregelkreise mit Einbindung indirekter Produktionsbereiche. QZ (1989) 34, S. 639 - 643.

/Bach 90/ Bachmeier, M.: Qualitätsdaten und Qualitätsdatenfluß im CAM-Bereich. iwb Diplomarbeit, TU München 1990.

/Bart 89/ Bartel, W.: Modellbetrachtungen zu SPC mit Beispielen. QZ 34 (1989) 4, S. 189 - 192.

/Bart 90/ Bartl, R.: Datenmodellgestützte Wissensverarbeitung zur Diagnose- und Informationsunterstützung in technischen Systemen. Dissertation Universität Karlsruhe 1990.

/Baue 86/ Bauer, C.-O.: Fertigungsverfahren und statistisches Steuern der Fertigung. wt (1986) 76, S. 537 - 541.

/Behr 91/ Behr, B.; Pagel, A.; Schachter-Radig, M.-J.; Stangl, M.: Wissensbasierte Systeme im Bereich CAQ. QZ (1991) 36, S. CA63 - CA69.

/Bend 90/ Bender, K.: Kommunikation als Schlüssel zur Integration. in: N.N.: VDI Bericht Nr. 830, VDI Verlag, Düsseldorf 1990.

/Bend 91/ Bender, K.: Kommunikations- und Datenbanktechnik als Integrationsbasis für CAQ in CIM. in: N.N.: VDI Bericht Nr. 929, VDI Verlag, Düsseldorf 1991.

/Benz 90/ Benz, D.: 3D-Koordinaten-Meßmaschine. wt (1990) 80, S.259 - 261.

/Bier 88/ Bierögel, A.: Automatisches Messen und Regeln bei flexiblen Fertigungszellen. QZ (1988) 33, S. 293 - 296.

/Bong 87/ Bongards, M.: Qualitätssicherung im Verbund mit der flexiblen automatischen Fertigung. QZ (1987) 32, S. 41 - 44.

/Bons 89/ Bonse, L.: Systemkonzept für die Integration von Online- und Offline- CAQ-Funktionen über eine gemeinsame Qualitätsdatenbasis. Dissertation TH Aachen 1989.

/Brin 91/ Brinksmeier, E.: Prozess- und Werkstückqualität in der Feinbearbeitung. Dissertation Universität Hannover 1991.

/Brun 89/ Brunner, F. J.: Die Taguchi-Optimierungsmethoden. QZ (1989) 34, S. 339 - 344.

/Bull 89/ Bullinger, H.-J.; Fähnrich, K.-P.; Kurz, E.: Expertensysteme in der Produktion - Erfahrungen mit Planungs- und Diagnosesystemen. VDI-Zeitschrift (1989) 131, S.12-17.

/Bull 91/ Bullinger, H.-J.; Ammon, R.: Werkstattorientierte Produktionsunterstützung, in Warnecke, H. J. et.al. (Hrsg.): Tagungsband Fertigungstechnisches Kolloquium '91, Stuttgart. Springer-Verlag, Berlin 1991.

/Burk 90/ Burkat, R.: Wege zur 100%-Qualität. in: N.N: Tagungsband 8. Qualitätsleiterforum. Ulm 1990.

/Cunt 91/ Cuntze, E.-O.: DIN-Qualität ist nicht gleich ISO-Qualität. QZ (1991) 36, S. 449 - 450.

/DGQ 79/ Deutsche Gesellschaft für Qualität e.V.: Datenverarbeitung als Hilfe der Qualitätssicherung. DGQ-Schrift Nr. 14-31, Beuth Verlag, Berlin 1977.

/DGQ 87B/ Deutsche Gesellschaft für Qualität e.V.: Begriffe im Bereich der Qualitätssicherung. DGQ-Schrift Nr. 11-04, Beuth Verlag, Berlin 1987.

/DGQ 87R/ Deutsche Gesellschaft für Qualität e.V.: Rechnerunterstützung in der Qualitätssicherung - CAQ. DGQ-Schrift Nr.14-20, Beuth Verlag, Berlin 1987.

/DIN 1319/ DIN 1319: Grundbegriffe der Meßtechnik. Beuth Verlag, Berlin 1985.

/DIN 2330/ DIN 2330: Produktmerkmale. Beuth Verlag, Berlin 1970.

/DIN 55350/ DIN 55350: Begriffe der Qualitätssicherung und Statistik. Beuth Verlag, Berlin 1989.

/DIN 8580/ DIN 8580: Fertigungsverfahren. Berlin Beuth Verlag, 1983.

/DIN 8601/ DIN 8601: Abnahmebedingungen für Werkzeugmaschinen für die spanende Bearbeitung von Metallen. Beuth Verlag, Berlin 1986.

/Dole 70/ Dolezalek, C. M.; Rohpohl, R.: Flexible Fertigungssysteme, die Zukunft der Fertigungstechnik. wt (1970) 60, S. 446 - 451.

/Dreh 89/ Drehner, W.: Beitrag zur NC-gerechten Beschreibung von Werkstücken in fertigungstechnisch orientierten Programmiersystemen. Dissertation Universität Stuttgart 1989.

/Duel 86/ Duelen, G.; Linnemann, H.; Bernhardt, R.: Die Informationsarchitektur in datengetriebenen Fabriken. Produktionstechnisches Kolloquium Berlin, 1986.

/Duts 89/ Dutschke, W.: Qualitätssicherung mit SPC. VDI-Z (1989) 131, S.62 - 66.

/Elle 92/ Eller, T.; Göttmann, K.:Wissensbasierte Systeme in Konstruktion, Fertigung und Qualitätssicherung. Werkstatt und Betrieb (1992) 125, S. 253 - 261.

/Elze 90/ Elzer, J.: Automatisierte optoelektronische Erfassung des Bohrerverschleisses in flexiblen Fertigungssystemen. Dissertation TH Aachen 1990.

/Ever 88/ Eversheim, W.; Auge, J.; Zeller, P.; Schulz, J.; Schilling, B.: Integrierte rechnerunterstützte Qualitätssicherung in einem mittelständischen Unternehmen. QZ 33 (1988) 10, S. 549 - 553.

/Ever 91D/ Eversheim, W.; Dahl, B.; Humurger, R.; Martel, G.: NC-Verfahrenskette - Das Betriebsmittelmodell. VDI-Z (1991) 133, S. 106 - 109.

/Ever 91E/ Eversheim, W.; Eickholt, J.; Haermeyer, T.: Methodische Untersuchung von Qualitätssicherungssystemen. QZ (1991) 36, S. 82 - 86.

/Föll 90/ Föllinger, O.: Regelungstechnik. Hüthig Buch Verlag, Heidelberg 1990.

/FQS 91M/ Forschungsgemeinschaft Qualitätssicherung e.V.: Modellgestützte Fehlerfrüherkennung in der spanenden Fertigung. FQS-Schrift Nr. 95-01, Beuth Verlag, Berlin 1991.

/FQS 91Q/ Forschungsgemeinschaft Qualitätssicherung e.V.: Qualitätssicherung in flexiblen Fertigungssystemen. FQS-Schrift Nr. 95-02, Beuth Verlag, Berlin 1991.

/Fuer 88/ Fuerst, A.: Prozessintermitierende Werkstückmessung auf numerisch gesteuerten Bohr- und Fräsmaschinen. Dissertation TH Aachen 1988.

/Füll 88/ Füller, H.: Prozeßbeherrschung. QZ (1988) 33, S. 195 - 198.

/Gall 92/ Gallasch, A.: Aufbau- und Ablauforganisation der integrierten Qualitätssicherung in der rechnergeführten flexiblen Fertigung. iwb Diplomarbeit, TU München 1992.

/Garb 91/ Garbrecht, Th.: Ein Beitrag zur Messdatenverarbeitung in der Koordinatenmeßtechnik. Dissertation Universität Stuttgart 1991.

/Gard 89/ Gardarin, G.; Valduriez, P.: Relational Databases and Knowledge Bases. Verlag Addison-Wesley, 1989.

/Geig 92/ Geiger, W.: Geschichte und Zukunft des Qualitätsbegriffs. QZ (1992) 37, S. 33 - 35.

/Gimp 91/ Gimpel, B.: Qualitätsgerechte Optimierung von Fertigungsprozessen. Dissertation TH Aachen 1991.

/Glas 93/ Glas, J.: Standardisierter Aufbau anwendungsgerechter Zellenrechnersoftware. iwb-Forschungsberichte Bd. 61, Springer-Verlag, Berlin 1993.

/Golz 90/ Golz, H.; Ludwig, H. R.: Integration von Koordinatenmeßgeräten in Flexible Fertigungssysteme. Werkstatt und Betrieb (1990) 123, S. 317 - 318.

/Gout 90/ Goutier, U.: CAQ im CIM-Umfeld. QZ (1990) 35, S. CA68 - CA70.

/Grab 86/ Grabowski, H.; Glatz, R.: Schnittstellen zum Austausch produktdefinierender Daten. VDI-Z (1986) 128, S. 333 - 343.

/Grab 92/ Grabowski, H.; Anderl, R.; Schmidt, M.: STEP - Die Beschreibung von Produktstrukturen mit dem Teilmodell PSCM. VDI-Z (1992) 134, S. 51 - 55.

/Graf 89/ Graf, M.: Statistische Prozeßregelung SPC. QZ (1989) 34, S. 135 - 137.

/Groh 88/ Groha, A.: Universelles Zellenrechnerkonzept für flexible Fertigungssysteme. iwb-Forschungsberichte Bd. 14, Springer-Verlag, Berlin 1988.

/Gumb 88/ Gumbert, H.: Prozeßbegleitende Qualitätssicherung. in: N.N.: VDI Bericht Nr. 722. VDI Verlag, Düsseldorf 1988.

/Habe 90/ Haberland, R.: Erkennung des Werkzeugverschleißes. wt 81990) 80, S. 505 - 506.

/Hamm 88/ Hammer, W. et al.: Ein Expertensystem für die Einrichtung und Endkontrolle an CNC-Maschinen. atp (1988) 30, S. 397 - 400.

/Härd 91/ Härdtner, M.: Diagnose bei Fertigungseinrichtungen. in: Warnecke, H. J. et.al. (Hrsg.): Tagungsband Fertigungstechnisches Kolloquium '91, Stuttgart. Springer-Verlag, Berlin 1991.

/Harm 87/ Harmon, P.; King, D.: Expertensysteme in der Praxis/Perspektiven, Werkzeuge, Erfahrungen. Oldenbourg Verlag, München 1987.

/Harm 89/ Harmon, P. et al.: Expertensysteme: Werkzeuge und Anwendungen. Oldenbourg, München 1989.

/Hauß 89/ Haußmann, U.: Qualität fertigen: Was bedeutet die alte Forderung in modernen Fertigungssystemen? wt (1989) 79, S. 375 - 378.

/Hauß 90U/ Haußmann, U.: Planen und Regeln des Fertigungsprozeses als Bausteine der Unternehmenspolitik. QZ (1990) 35, S. 253 - 258.

/Hauß 90F/ Haußmann, U.: Prozeßmodell und Qualitätsregelung für moderne Fertigungssysteme. VDI-Z (1990) 132, S. 97 - 105.

/Hege 91/ Heger, G. F.: Fehlerursachenermittlung zur Qualitätssicherung in flexiblen Fertigungssystemen. VDI-Z (1991) 133, S. 72 - 76.

/Heil 89/ Heiler, K.-U.: Realisierung von Qualitätsregelkreisen durch Einsatz von Datennetzen. Dissertation TH Aachen 1989.

/Held 88/ Held, H.-J.: Konzept und Realisierung eines wissensbasierten Fehleranalysesystems für kaltumformende Fertigungseinrichtungen. Dissertation TH Aachen 1988.

/Hert 91/ Herter, J.: Qualifizierung für flexible Fertigungssysteme. Dissertation TU Berlin 1991.

/Holl 91/ Holland, M.: Das STEP-Toleranzmodell. VDI-Z (1991) 133, S. 53 - 56.

/Iser 91/ Isermann, R.: Fehlerdiagnose an Werkzeugmaschinen mittels Parameterschätzmethoden. wt (1991) 78, S. 264 - 268.

/ISO 8402/ DIN ISO 8402: Qualität. Beuth Verlag, Berlin 1989.

/ISO 86/ N.N.: The Ottawa Report on Reference Models for Manufacturing Standards. Version 1.1. ISO TC 184/SC5/WG1 Document Nr. 51, 1986.

/ISO 900x/ DIN ISO 9000 - 9004: Qualitätssicherungssysteme. Beuth Verlag, Berlin 1987.

/Jano 90/ Janocha, H.; Foth, M.: Prozeßregelung für das Außenrundschleifen. Teil 1 und Teil 2. wt (1990) 80, S. 157 - 159 u. S. 301 - 306.

/Jura 90/ Juran, J. M.: Qualität in den USA. QZ (1990) 35, S. 195 - 198.

/Kahl 91/ Kahlenberg, R.: Qualitätsregelung im CAM-Bereich. Die Neue Fabrik, Sonderpublikation, moderne industrie verlag, Landsberg 1991.

/Kahl 93/ Kahlenberg, R.: Integrierte Qualitätssicherung in Produktionssystemen. wt (1993) 83, S. 36 - 39.

/Kami 90/ Kamiske, G. F.: Qualität und Produktivität. ZwF (1990) 85, S. 5 - 7.

/Kira 89/ Kiratli, G.: Konzept und Realisierung eines wissensbasierten Systems zur Diagnose und Bedienerunterstützung bei komplexen Fertigungseinrichtungen. Dissertation TH Aachen 1989.

/Kirs 89/ Kirstein, H.: SPC-Anwendungen - Voraussetzungen und Wirkungen, Teil 1 und Teil 2. wt (1989) 79, S. 448 - 450 u. S. 549 - 551.

/Kirs 90/ Kirstein, H.: SPC - ein neuer Denkansatz. VDI-Z (1990) 132, S. 138 - 143.

/Kluf 89/ Kluft, W.: Werkzeugüberwachungssysteme für die Drehbearbeitung. Dissertation TH Aachen 1989.

/Koch 91/ Koch, M.: Objektorientierte Modellierung zur rechnergestützten Qualitätssicherung. iwb Diplomarbeit, TU München 1991.

/Kohe 90/ Kohen, E.: Informationsverarbeitung in FFS. in: N.N.: VDI Bericht Nr. 830. VDI Verlag, Düsseldorf 1990.

/Kohl 85/ Kohler, P.: Automatisiertes Messen mit NC-Werkzeugmaschinen. Dissertation Universität Stuttgart 1985.

/Komi 89/ Komischke, M.: Einbindung von Sensorsystemen in den Informationsfluß integrierter Produktionssysteme. Dissertation TH Aachen 1989.

/Köni 92/ König, M.: System zur Unterstützung qualitätssichernder Entscheidungen in der rechnergeführten flexiblen Fertigung. iwb, TU München 1992.

/Konr 87/ Konrad, W.: Knowledge Representation from a Knowledge Engineering Point of View. in: Menges; Hövelmanns; Baur (Hrsg.): Expert Systems in Production Engineering. Springer-Verlag, Berlin 1987.

/Köpp 88/ Köppe, D.: Forderungen an die Integrationsfähigkeit von CAQ-Systemen. CIM Management 3/1988, S. 14 - 19.

/Köpp 89/ Köppe, D.: Bewertung und Auswahl von CAQ-Systemen. CIM Management 4/1989, S. 35 - 49.

/Köpp 89H/ Köppe, D.; Heid, W.: Möglichkeiten und Grenzen von SPC. QZ (1989) 34, S. 682 - 687.

/Krie 91/ Kriegisch, R.: Anwendungsgerechte Integration relationaler Datenbanken. iwb Diplomarbeit, TU München 1991.

/Krin 89/ Kring, J. R.: Integrierte CAQ-Funktionen. CIM Management 4/1989, S. 4 - 9.

/Krot 91/ Krottmaier, J.: Taguchi, Shainin - Stein der Weisen? QZ (1991) 36, S. 90 - 93.

/Kupe 91/ Kupec, Th.: Wissensbasiertes Leitsystem zur Steuerung flexibler Fertigungssysteme. iwb-Forschungsberichte Bd. 37, Springer-Verlag, Berlin 1991.

/Lübb 91/ Lübbe, U.: Intelligente CAQ-Integration. in: Warnecke,H.J. et.al. (Hrsg.): Tagungsband Fertigungstechnisches Kolloquium '91, Stuttgart. Springer-Verlag, Berlin 1991.

/Maen 89/ Maenicke, E.: Die Qualitäts-Zelle - Basis jeder Produktionslinie. QZ (1989) 34, S. 207 - 210.

/Marc 89/ Marcinski, G.; Prengemann, U.; Holland, M.; Mittmann, B.: Anwendungsorientierte Analyse des zukünftigen Schnittstellen-Standards STEP. ZwF (1989) 84, S. 456 - 461.

/Mart 91/ Martens, R.; Dittmer, H.: Zuordnung von Werkzeugen und Werkzeugdaten. VDI-Z (1991) 133, S. 90 - 96.

/Masi 88/ Masing, W. (Hrsg.): Handbuch der Qualitätssicherung. Carl Hanser Verlag, München 1988.

/Maßb 89/ Maßberg, W.; Milberg, J.; Weck, M.; Spur, G.: Terminologie der automatisierten Fertigung. Berlin, 1989.

/Meer 90/ Meerkamm, H.; Finkenwirth, K.: Bauteilmodell als Komponente von Produktmodellen. ZwF (1990) 85, S. 272 - 275.

/Melc 90/ Melchior, K. W.; Steger, W.; Garbrecht, T.: Informationsfluß und Qualitätsprüfung in CAD/CAM-Umgebungen. wt (1990) 80, S. 83 - 88.

/Mert 84/ Mertins, K.: Steuerung rechnergeführter Fertigungssysteme. Dissertation TU Berlin 1984.

/Milb 87/ Milberg, J.: Sammelbecken aller Fehler, moderne Fertigung, Juni 1987, S. 32 - 37.

/Milb 90E/ Milberg, J.; Eder, T.; Glas, J.: Offenes und modulares CAM-System. Schweizer Maschinenmarkt 42/1990, S. 44 - 53.

/Milb 90W/ Milberg, J.; Wendt, A.: Flexibel automatisierte Produktion - Eine Quelle für Wettbewerbsvorteile. Schweizer Maschinenmarkt Nr. 19 u. 20 (1990), S. 84 - 89 u. 52 - 57.

/Milb 91/ Milberg, J.: Wettbewerbsfaktor Zeit in Produktionsunternehmen. in: Milberg, J. (Hrsg.): Wettbewerbsfaktor Zeit in Produktionsunternehmen, Münchener Kolloquium'91. Springer-Verlag, Berlin 1991.

/Milb 91K/ Milberg, J.; Kahlenberg, R.: Informationsstrukturen und Schnittstellen zur rechnerunterstützten Qualitätssicherung im CAM-Bereich, Studie VDW 0813, Verein Deutscher Werkzeugmaschinenfabriken e.V., Frankfurt 1991.

/Milb 92/ Milberg, J. (Hrsg.): Von CAD/CAM zu CIM. Springer-Verlag, Berlin 1992.

/Milb 93/ Milberg, J.; Schuster, G.; Kahlenberg, R.: Integrierte Qualitätssicherung von der Produktentwicklung bis zur Produktion. in: Wildemann, H. (Hrsg.): Qualität und Information - Strategieen für den Wettbewerb. Tagungsband 5. Fertigungswirtschaftliches Kolloquium, gfmt Verlag, München 1993.

/Milb 93K/ Milberg, J.; Kahlenberg, R.: Einbindung qualitätssichernder Maßnahmen in den CAM-Bereich. VDW-Forschungsbericht AiF 12 Q, Frankfurt 1993.

/Miln 87/ Milne, R.: Strategies for Diagnostis, IEEE Transactions on Systems, Man, and Cybernetics. Vol. SMC-17, No.3, May/June 1987, S. 333 - 339.

/Modr 92/ Modrich, G.; Kitzsteiner, F.: Integrierte Meßdatenrückführung im FFS. PA (1992) 1, S. 43 - 46.

/Neum 91/ Neumann, H. J.: Integrierte Qualitätssicherung in der Fertigung durch Koordinatenmeßzentren. Meesen und Überwachen (1991) 4, S. 18 - 27.

/Nomm 90/ Nommensen, M.; Krautwurst, J.: Flexible Fertigungsinsel mit einem erweiterten CAQ-System steuern. QZ (1990) 35, S. 603 - 607.

/Pax 91/ Pax, H.: Fertigen und Prüfen - flexibel und intergiert. QZ (1991) 36, S. 215 - 218.

/Perm 90/ Permantier, G.: Verfahren der Wissensrepräsentation bei der Entwicklung wissensbasierter Systeme für die Automatisierungstechnik. Dissertation Universität Stuttgart 1990.

/Pfei 88/ Pfeiffer, D.: Kompensation thermisch bedingter Bearbeitungsfehler durch prozeßnahe Qualitätsregelung. Springer-Verlag, Berlin 1988.

/Pfei 86K/ Pfeifer, T.; Köppe, D.: Kommerzielle CAQ-Systeme - Eine Übersicht. QZ (1986) 32, S. 85 - 89.

/Pfei 88H/ Pfeifer, T.; Held, H.-J.; Faupel, B.: Aufbau einer Wissensbasis für Fehlerdiagnosesysteme von Bearbeitungszentren. VDI-Z (1988) 130, S. 94 - 98.

/Pfei 89Be/ Pfeifer, T.; Beuck, W.: Qualität durch Fehleranalyse verbessern. Industrie-Anzeiger (1989) 40, S. 23 - 30.

/Pfei 89Bo/ Pfeifer, T.; Bonse, L.: Tendenzen zur rechnergestützten Qualitätssicherung. in: N.N.: VDI-Berichte Nr. 759. VDI Verlag, Düsseldorf 1989.

/Pfei 89H/ Pfeifer, T.; Heiler, K.-U.: Qualitätsdatenfluß im Fertigungsbetrieb - Neue Möglichkeiten durch Datennetze. Steuerungen 9 (1989), S. 22 - 29.

/Pfei 89V/ Pfeifer, T.; Grob, R.; Voj, P.; Lemmer, M.: Geschlossene Qualitätsregelkreise bilden - Wissensbasierte Systeme ergänzen die Meßwertanalyse. Industrie-Anzeiger (1989) 40, S. 31 - 33.

/Pfei 89/ Pfeifer, T.: Moderne Fertigungsmeßtechnik. Industrie-Anzeiger (1989) 40, S. 22.

/Pfei 90E/ Pfeifer, T.; Elzer, J.; Steffen, T.; Hollmann, F.: Werkstückorientierte Meßtechnik prozeßnah gestaltet. VDI-Z (1990) 132, S. 80 - 83.

/Pfei 90O/ Pfeifer, T. et.al.: Optoelektronische Meßverfahren zur fertigungsintegrierten Qualitätssicherung. in: Weck, M. (Hrsg.): Aachener Werkzeugmaschinen Kolloquium '90. VDI Verlag, Düsseldorf 1990.

/Pfei 90Q/ Pfeifer, T.; Westkämper, E.; Weule, H. et.al.: Die Realisierung von Qualitätsregelkreisen - zentrales Moment der integrierten Qualitätssicherung. in: Weck, M. (Hrsg.): Aachener Werkzeugmaschinen Kolloquium '90. VDI Verlag, Düsseldorf 1990.

/Pfei 91P/ Pfeifer, T.; Pietschmann, C.: Koordinatenmeßgeräte als Teil eines FFS: Aspekte des Materialflusses. wt (1991) 81, S. 381 - 383.

/Pfei 91S/ Pfeifer, T.; Schmidt, N.: CAQ-Komponenten und deren Integration im Unternehmen. in: N.N.: VDI Bericht Nr. 929. VDI Verlag, Düsseldorf 1991.

/Prit 89/ Pritschow, G.; Kißling, M.: KI-Methoden und ihre Bedeutung für die Fertigungstechnik. in: Pritschow, G.; Spur, G.; Weck, M. (Hrsg.): Künstliche Intelligenz in der Fertigungstechnik. Carl Hanser Verlag, München 1989.

/Pupp 88/ Puppe, F.: Einführung in Expertensysteme. Studienreihe Informatik, Springer Verlag, Berlin 1988.

/Rait 90/ Raith, P., Schönecker W., Strohmayr R.: Umfassende Diagnose mit Fehlerbaumsystem auf Zellenrechnerebene. VDW-Forschungsbericht Nr. 0810, Verein Deutscher Werkzeugmaschinenfabriken, Frankfurt 1990.

/Raub 87/ Rauba, A.: Marktübersicht SPC-Geräte. QZ (1987) 32, S. 599 - 608.

/REFA 85/ N.N.: REFA - Methodenlehre der Planung und Steuerung. Teil 4. Carl Hanser Verlag, München 1985.

/Reit 87/ Reithofer, N.: Nutzungssicherung von flexibel automatisierten Produktionsanlagen. iwb-Forschungsberichte Bd. 10, Springer-Verlag, Berlin 1987.

/Ruf 91/ Ruf, T.: Wissensbasierte Generierung und Verarbeitung teilebeschreibender Daten für die hochflexible mechanische Fertigung. CIM Management 5/1991, S. 4 - 10.

/Sche 86/ Schefe, P.: Künstliche Intelligenz - Überblick und Grundlagen. Reihe Informatik, Bd. 53, B.I.-Wissenschaftsverlag, Zürich 1986.

/Schm 84/ Schmidt, G.: Grundlagen der Regelungstechnik. Springer-Verlag, Berlin 1984.

/Schm 91/ Schmidt, J.; Steuernagel, R.: Objektorientierte Produkt-/Produktionsdatenbank PPM. VDI-Z (1991) 133, S. 120 - 128.

/Schö 92/ Schönecker, W.: Integrierte Diagnose in Produktionszellen. iwb-Forschungsberichte Bd. 45. Springer-Verlag, Berlin 1992.

/Schw 85/ Schwerhoff, U.: Automatisierte und integrierte Prüfsysteme. Dissertation TH Aachen 1985.

/Schw 91/ Schweiger, W.: CAQ beginnt bei den Daten. CIM Management 2/1990, S. 23 - 24.

/Seid 91/ Seidel, D.: Überwachung in der spanenden Fertigung - Probleme und Zukunft. wt (1991) 81, S. 161 - 164.

/Spec 88/ Specht, D.:Wissensbasierte Systeme in der Produktion. ZwF (1988) 84, S. 617 - 622.

/Spat 93/ Spath, D. (Hrsg.): Messen und Regeln im CAD-CAM-CAQ Informationsverbund. Tagungsband Öffentlichkeitstag, Institut für Werkzeugmaschinen und Betriebstechnik, Universität Karlsruhe 1993.

/Spur 82/ Spur, G.: Fertigungstechnik. Sonderdruck aus ZWF (1982) 79.

/Spur 86/ Spur, G. (Hrsg.): Handbuch der Fertigungstechnik. Carl Hanser Verlag, München 1986.

/Spur 91R/ Spur, G.: Rationalisierung zeitbestimmter Arbeitsprozesse. in: Milberg, J. (Hrsg.): Tagungsband Münchener Kolloquium '91. Springer-Verlag, Berlin 1991.

/Spur 91W/ Spur, G.; Ebert, J.: Werkzeugmaschinen im Wandel der Farik. ZwF (1991) 86, S. 214 - 220.

/Spur 91I/ Spur, G.; Specht, D.; Meyer, M.: Software-ergonomische Schnittstelle für Ingenieurdatenbanken. ZwF (1991) 86, S. 588 - 592.

/Star 91/ Stark, R.: SPC für die Praxis. QZ (1991) 36, S. 87 - 89 u. QZ (1991) 36, S. 146 - 149.

/Stei 89/ Steinbach, W.: Qualitätsdatenfluß im Fertigungsbetrieb. QZ (1989) 34, S. CA111 - CA116.

/Stra 87/ Straube, W.; Helff, U.: Werkzeugmaschinenkorrektur nach Methoden der statistischen Qualitätsprüfung. QZ (1987) 32, S. 177 - 179.

/Stut 74/ Stute, G.: Flexible Fertigungssysteme. wt (1974) 64, S. 147 - 156.

/Tagu 89/ Taguchi, S.: Three issues regarding quality, Quality Today 10/1989, S. 22 - 25.

/Töns 91/ Tönshoff, H. K.; Karpuschewski, B.; Paul, T.: Qualitätsregelkreise in der Fertigung. VDI-Z (1991) 133, S. 58 - 63.

/Töns 92/ Tönshoff, H. K.; Büttner, J.: Wissensbasierte Diagnose in der Montage. QZ (1992) 37, S. 165 - 168.

/Vogt 88/ Vogt, H. P.: Marktübersicht CAQ-Systeme. QZ (1988) 33, S. 203 - 208.

/Voss 88/ Vossloh, M.: Modellgestützte Früherkennung und wissensgestützte Diagnose von Fehlern an Werkzeugmaschinen. Dissertation TH Darmstadt 1988.

/Warn 86/ Warnecke, G.; Mertens, P.: Praktische Anwendung künstlicher Intelligenz durch Expertensysteme. wt (1986) 76, S. 547 - 551.

/Warn 87/ Warnecke, H.-J.; Melchior, K. W.; Ahlers, R.-J.; Kring, J.: Handbuch Qualitätstechnik. verlag moderne industrie, Landsberg 1987.

/Warn 90/ Warnecke, H.-J. (Hrsg.): Einführung in die Fertigungstechnik. Teubner Verlag, Stuttgart 1990.

/Warn 89J/ Warnecke, G.; Jenewein, A.; Reinfelder, A.: Prozeßüberwachung bei der Drehbearbeitung. wt (1989) 79, S. 497 - 501.

/Weck 82/ Weck, M.: Werkzeugmaschinen. Bd. 1-5, VDI-Verlag, Düsseldorf 1982.

/Weck 86/ Weck, M.: Handbuch Überwachung und Diagnose von Maschinen und Prozessen. VDI-Verlag, Düsseldorf 1986.

/Weck 90/ Weck, M.; Pritschow, G. et.al.: Leittechnik für flexible Fertigungssysteme. in: Weck, M. (Hrsg.): Aachener Werkzeugmaschinen Kolloquium '90. VDI Verlag, Düsseldorf 1990.

/Weck 91R/ Weck, M.; Repetzki, S.: Flexibles Fertigungs- und Montagesystem mit CAD/CAM-Anbindung. ZwF (1991) 86, S. 303 - 307.

/Weck 92/ Weck, M.; Koch, T.; Hummels, M.; Sonnenschein, K.: Praxisnahe Lösungen, Zellensteuerung: Offene modulare Architektur. Industrie-Anzeiger (1992) 42, S. 68 - 70.

/Wend 92/ Wendt, A.: Qualitätssicherung in flexibel automatisierten Montagesystemen. iwb-Forschungsberichte Bd. 57, Springer-Verlag, Berlin 1992.

/West 90/ Westkämper, E. (Hrsg.): Produktivität, Flexibilität, Qualität - Herausforderungen für die Feinverarbeitung. Vulkan Verlag, Essen 1990.

/West 91C/ Westkämper, E.: CAQ und CIM - Qualitätssicherung in der rechnergeführten Produktion. in: N.N.: VDI Bericht Nr. 929. VDI Verlag, Düsseldorf 1991.

/West 91I/ Westkämper, E.: Integrationspfad Qualität. Springer-Verlag, Berlin 1991.

/Weul 88/ Weule, H.; Enderle, W.: Selbsttätige Fehlerbehebung in lexibel automatisierten Montageanlagen. ZwF (1988) 83, S. 541 - 545.

/Zade 85/ Zadeh, L. A.: A Formalization of Commonsense Reasoning Based on Fuzzy Logic. in: Brauer, W.; Radig, B. (Hrsg.): Wissensbasierte Systeme. Proceedings vom GI-Kongreß, München 1985, Informatik-Fachberichte Nr. 112, Springer-Verlag, Berlin 1985.

/Zorn 91/ Zorn, J.: Gedanken zum Umfang des Begriffs Qualität, QZ (1991) 36, S. 583 - 585.

iwb Forschungsberichte

Berichte aus dem Institut für Werkzeugmaschinen und Betriebswissenschaften der Technischen Universität München

Herausgeber: Prof. Dr.-Ing. J. Milberg

---

1 **Streifinger, E.**
Beitrag zur Sicherung der Zuverlässigkeit und Verfügbarkeit moderner Fertigungsmittel
1986. 72 Abb. 167 Seiten, ISBN 3-540-16391-3 — 68,- DM

2 **Fuchsberger, A.**
Untersuchung der spanenden Bearbeitung von Knochen
1986. 90 Abb. 175 Seiten, ISBN 3-540-16392-1 — 68,- DM

3 **Maier, C.**
Montageautomatisierung am Beispiel des Schraubens mit Industrierobotern
1986. 77 Abb. 144 Seiten, ISBN 3-540-16393-X — 68,- DM

4 **Summer, H.**
Modell zur Berechnung verzweigter Antriebsstrukturen
1986. 74 Abb. 197 Seiten, ISBN 3-540-16394-8 — 68,- DM

5 **Simon, W.**
Elektrische Vorschubantriebe an NC-Systemen
1986. 141 Abb. 198 Seiten, ISBN 3-540-16693-9 — 68,- DM

6 **Büchs, S.**
Analytische Untersuchungen zur Technologie der Kugelbearbeitung
1986. 74 Abb. 173 Seiten, ISBN 3-540-16694-7 — 68,- DM

7 **Hunzinger, I.**
Schneiderodierte Oberflächen
1986. 79 Abb. 162 Seiten, ISBN 3-540-16695-5 — 68,- DM

8 **Pilland, U.**
Echtzeit-Kollisionsschutz an NC-Drehmaschinen
1986. 54 Abb. 127 Seiten, ISBN 3-540-17274-2 — 68,- DM

9 **Barthelmeß, P.**
Montagegerechtes Konstruieren durch die Integration von Produkt- und Montageprozeßgestaltung
1987. 70 Abb. 144 Seiten, ISBN 3-540-18120-2 — 68,- DM

10 **Reithofer, N.**
Nutzungssicherung von flexibel automatisierten Produktionsanlagen
1987. 84 Abb. 176 Seiten, ISBN 3-540-18440-6 — 68,- DM

11 **Diess, H.**
Rechnerunterstützte Entwicklung flexibel automatisierter Montageprozesse
1988. 56 Abb. 144 Seiten, ISBN 3-540-18799-5 — 73,- DM

12 **Reinhart, G.**
Flexible Automatisierung der Konstruktion
und Fertigung elektrischer Leitungssätze
1988, 112 Abb. 197 Seiten, ISBN 3-540-19003-1 73,- DM

13 **Bürstner, H.**
Investitionsentscheidung in der rechnerintegrierten Produktion
1988, 77Abb. 190 Seiten, ISBN 3-540-19099-6 73,- DM

14 **Groha, A.**
Universelles Zellenrechnerkonzept für flexible Fertigungssysteme
1988, 74 Abb. 153 Seiten, ISBN 3-540-19182-8 73,- DM

15 **Riese, K.**
Klipsmontage mit Industrierobotern
1988, 92 Abb. 150 Seiten, ISBN 3-540-19183-6 73,- DM

16 **Lutz, P.**
Leitsysteme für rechnerintegrierte Auftragsabwicklung
1988, 44 Abb. 144 Seiten, ISBN 3-540-19260-3 73,- DM

17 **Klippel, C.**
Mobiler Roboter im Materialfluß eines flexiblen Fertigungssystems
1988, 86 Abb. 164 Seiten, ISBN 3-540-50468-0 73,- DM

18 **Rascher, R.**
Experimentelle Untersuchungen zur Technologie der Kugelherstellung
1989, 110 Abb. 200 Seiten, ISBN 3-540-51301-9 73,- DM

19 **Heusler, H.-J.**
Rechnerunterstützte Planung flexibler Montagesysteme
1989, 43 Abb. 154 Seiten, ISBN 3-540-51723-5 73,- DM

20 **Kirchknopf, P.**
Ermittlung modaler Parameter aus Übertragungsfrequenzgängen
1989, 57 Abb. 157 Seiten, ISBN 3-540-51724 73,- DM

21 **Sauerer, Ch.**
Beitrag für ein Zerspanprozeßmodell Metallbandsägen
1990, 89 Abb. 166 Seiten, ISBN 3-540-51868-1 78,- DM

22 **Karstedt, K.**
Positionsbestimmung von Objekten in der Montage-
und Fertigungsautomatisierung
1990, 92 Abb. 157 Seiten, ISBN 3-540-51879-7 78,- DM

23 **Peiker, St.**
Entwicklung eines integrierten NC-Planungssystems
1990, 66 Abb. 180 Seiten, ISBN 3-540-51880-0 78,- DM

24 **Schugmann, R.**
Nachgiebige Werkzeugaufhängungen für die automatische Montage
1990. 71 Abb. 155 Seiren, ISBN 3-540-52138-0 78,- DM

25 **Wrba, P**
Simulation als Werkzeug in der Handhabungstechnik
1990, 125 Abb., 178 Seiten, ISBN 3-540-52231-X 78,- DM

26 **Eibelshäuser, P.**
Rechnerunterstützte experimentelle Modalanalyse
mitells gestufter Sinusanregung
1990, 79 Abb., 156 Seiten, ISBN 3-540-52451-7 78,- DM

27 **Prasch, J.**
Computerunterstützte Planung von chirurgischen Eingriffen
in der Orthopädie
1990, 113 Abb., 164 Seiten, ISBN 3-540-52543-2 78,- DM

28 **Teich, K.**
Prozeßkommunikation und Rechnerverbund in der Produktion
1990, 52 Abb., 158 Seiten, ISBN 3-540-52764-8 78,- DM

29 **Pfrang, W.**
Rechnergestützte und graphische Planung manueller
und teilautomatisierter Arbeitsplätze
1990, 59 Abb., 153 Seiten, ISBN 3-540-52829-6 78,- DM

30 **Tauber, A.**
Modellbildung kinematischer Stukturen
als Komponente der Montageplanung
1990, 93 Abb., 190 Seiten, ISBN 3-540-52911-X 78,- DM

31 **Jäger, A.**
Systematische Planung komplexer Produktionssysteme
1991, 75 Abb., 148 Seiten, ISBN 3-540-53021-5 78,- DM

32 **Hartberger, H.**
Wissensbasierte Simulation komplexer Produktionssysteme
1991, 58 Abb., 154 Seiten, ISBN 3-540-53326-5 78,- DM

33 **Tuczek H.**
Inspektion von Karosseriepreßteilen auf Risse und Einschnürungen
mittels Methoden der Bildverarbeitung
1992, 125 Abb., 179 Seiten, ISBN 3-540-53965-4 88,- DM

34 **Fischbacher, J.**
Planungsstrategien zur strömungstechnischen Optimierung
von Reinraum-Fertigungsgeräten
1991, 60 Abb., 166 Seiten, ISBN 3-540-54027-X 78,- DM

35 **Moser, O.**
3D-Echtzeitkollisionsschutz für Drehmaschinen
1991, 66 Abb., 177 Seiten, ISBN 3-540-54076-8 78,- DM

36 **Naber, H.**
Aufbau und Einsatz eines mobilen Roboters mit
unabhängiger Lokomotions- und Manipulationskomponente
1991, 85 Abb., 139 Seiten, ISBN 3-540-54216-7 78,- DM

37 **Kupec, Th.**
Wissensbasiertes Leitsystem zur Steuerung flexibler Fertigungsanlagen
1991, 68 Abb., 150 Seiten, ISBN 3-540-54260-4 78,- DM

38 **Maulhardt, U.**
Dynamisches Verhalten von Kreissägen
1991, 109 Abb., 159 Seiten, ISBN 3-540-54365-1 78,– DM

39 **Götz, R.**
Stukturierte Planung flexibel automatisierter Montagesysteme
für flächige Bauteile
1991, 86 Abb., 201 Seiten, ISBN 3-540-54401-1 78,– DM

40 **Koepfer, Th.**
3D-grafisch-interaktive Arbeitsplanung – ein Ansatz
zur Aufhebung der Arbeitsteilung
1991, 74 Abb., 126 Seiten, ISBN 3-540-54436-4 78,– DM

41 **Schmidt, M.**
Konzeption und Einsatzplanung flexibel automatisierter
Montagesysteme
1992, 108 Abb., 168 Seiten, ISBN 3-540-55025-9 88,– DM

42 **Burger, C.**
Produktionsregelung mit entscheidungsunterstützenden
Informationssystemen
1992, 94 Abb., 186 Seiten, ISBN 5-540-55187-5 88,– DM

43 **Hoßmann, J.**
Methodik zur Planung der automatischen Montage von nicht
formstabilen Bauteilen
1992, 73 Abb., 168 Seiten, ISBN 3-540-5520-0 88,– DM

44 **Petry, M.**
Systematik zur Entwicklung eines modularen Programm-
baukastens für robotergeführte Klebeprozesse
1992, 106 Abb., 139 Seiten ISBN 3-540-55374-6 88,– DM

45 **Schönecker, W.**
Integrierte Diagnose in Produktionszellen
1992, 87 Abb., 159 Seiten, ISBN 3-540-55375-4 88,– DM

46 **Bick, W.**
Systematische Planung hybrider Montagesyste unter
Berücksichtigung der Ermittlung des optimalen Automatisierungsgrades
1992, 70 Abb., 156 Seiten ISBN 3-540-55377-0 88,– DM

47 **Gebauer, L.**
Prozeßuntersuchungen zur automatisierten Montage
von optischen Linsen
1992, 84 Abb., 150 Seiten, ISBN 3-540-55378-9 88,– DM

48 **Schrüfer, N.**
Erstellung eines 3D-Simulationssystems zur Reduzierung
von Rüstzeiten bei der NC-Bearbeitung
1992, 103 Abb., 161 Seiten, ISBN 3-540-55431-9 88,– DM

49 **Wisbacher, J.**
Methoden zur rationellen Automatisierung der Montage
von Schnellbefestigungselementen
1992, 77 Abb., 176 Seiten, ISBN 3-540-55512-9 88,– DM

50 **Garnich. F.**
Laserbearbeitung mit Robotern
1992, 110 Abb., 184 Seiten, ISBN 3-540-55513-7 88,– DM

51 **Eubert, P.**
Digitale Zustandsregelung elektrischer Vorschubantriebe
1992, 89 Abb., 159 Seiten, ISBN 3-540-44441-2 88,– DM

52 **Glaas, W.**
Rechnerintegrierte Kabelsatzfertigung
1992, 67 Abb., 140 Seiten, ISBN 3-540-55749-0 88,– DM

53 **Helml, H.J.**
Ein Verfahren zur on-line Fehlererkennung und Diagnose
1992, 60 Abb., 153 Seiten, ISBN 3-540-55750-4 88,– DM

54 **Lang, Ch.**
Wissensbasierte Unterstützung der Verfügbarkeitsplanung
1992, 75 Abb., 150 Seiten, ISBN 3-540-55751-2 88,– DM

55 **Schuster, G.**
Rechnergestütztes Planungssystem für die flexibel automatisierte Montage
1992, 67 Abb., 135 Seiten, ISBN 3-540-55830-6 88,– DM

56 **Bomm, H.**
Ein Ziel- und Kennzahlensystem zum Investitionscontrolling komplexer Produktionssysteme
1992, 87 Abb., 195 Seiten, ISBN 3-540-55964-7 88,– DM

57 **Wendt, A.**
Qualitätssicherung in flexibel automatisierten Montagesystemen
1992, 74 Abb., 179 Seiten, ISBN 3-540-56044-0 88,– DM

58 **Hansmaier, H.**
Rechnergestütztes Verfahren zur Geräuschminderung
1993, 67 Abb., 156 Seiten, ISBN 3-540-56043-2 88,– DM

59 **Dilling, U.**
Planung von Fertigungssystemen unterstützt durch Wirtschaftlichkeitssimulation
1993, 72 Abb., 146 Seiten, ISBN 3-540-56307-5 88,– DM

60 **Strohmayr, R.**
Rechnergestützte Auswahl und Konfiguration von Zubringeeinrichtungen
1993, 80 Abb., 152 Seiten, ISBN 3-540-56652-X 88,– DM

61 **Glas, J.**
Standardisierter Aufbau anwendungsspezifischer Zellenrechnersoftware
1993, 80 Abb., 145 Seiten, ISBN 3-540-56890-5 88,– DM

62 **Stetter, R.**
Rechnergestützte Simulationswerkzeuge zur Effizienzsteigerung des Industrierobotereinsatzes
1994, 91 Abb., 146 Seiten, ISBN 3-540-568891 88,– DM

63 **Dirndorfer, A.**
Robotersysteme zur förderbandsynchronen Montage
1993, 76 Abb, 144 Seiten, ISBN 3-540-57031-4 88,– DM

64 **Wiedemann, M.**
Simulation des Schwingungsverhaltens spanender Werkzeugmaschinen
1993, 81 Abb., 137 Seiten, ISBN 3-540-57177-9 88,– DM

65 **Woenckhaus, Ch.**
Rechnergestütztes System zur automatisierten 3D-Layoutoptimierung
1994, 81 Abb., 140 Seiten,ISBN 3540-57284-8 88,– DM

66 **Kummetsteiner, G.**
3D-Bewegungssimulation als integratives Hilfsmittel zur Planung manueller Montagesysteme
1994, 62 Abb.; 146 Seiten, ISBN 3-540-57535-9 88,– DM

67 **Kugelmann, F.**
Einsatz nachgiebiger Elemente zur wirtschaftlichen Automatisierung von Produktionssystemen
1993, 76 Abb., 144 Seiten, ISBN 3-540-57549-9 88,– DM

68 **Schwarz, H.**
Simulationsgestützte CAD/CAM-Kopplung für die 3D-Laserbearbeitung mit integrierter Sensorik
1994, 96 Abb., 148 Seiten, ISBN 3-540-57577-4 88,– DM

69 **Viethen, U.**
Systematik zum Prüfen in Flexiblen Fertigungssytemen
1994, 70 Abb., 142 Seiten, ISBN 3-540-57794-7 88,– DM

70 **Seehuber, M.**
Automatische Inbetriebnahme geschwindigkeitsadaptiver Zustandsregler
1994, 72 Abb., 155 Seiten, ISBN 3-540-57896-X 88,– DM

71 **Amann, W.**
Eine Simulationsumgebung für Planung und Betrieb von Produktionssystemen
1994, 71 Abb., 129 Seiten, ISBN 3-540-57924-9 88,– DM

73 **Welling, A.**
Effizienter Einsatz bildgebender Sensoren zur Flexibilisierung automatisierter Handhabungsvorgänge
1994, 66 Abb., 139 Seiten, ISBN 3-540-580-0 88,– DM

74 **Zetlmayer, H,**
Verfahren zur simulationsgestützen Produktionsregelung in der Einzel- und Kleinserienproduktion
1994, 62 Abb., 143 Seiten, ISBN 3-540-58134-0 88,– DM

75 **Lindl, M.**
Auftragsleittechnik für Konstruktion und Arbeitsplanung
1994, 66 Abb,. 147 Seiten, ISBN 3-540-58221-5 88,– DM

76 **Zipper, B.**
Das integrierte Betriebsmittelwesen – Baustein einer flexiblen Fertigung
1994, 64 Abb., 147 Seiten, ISBN 3-540-58222-3 88,– DM

78 **Engel, A.**
Strömungstechnische Optimierung von Produktionssystemen durch Simulation
1994, 69 Abb., 160 Seiten, ISBN 3-540-58258-4 88,– DM

79 **Zäh, M. F.**
Dynamisches Prozeßmodell Kreissägen
1995, 95 Abb., 186 Seiten,ISBN 3-540 58624-5 88,– DM

80 **Zwanzer, N.**
Technologisches Prozeßmodell für die Kugelschleifbearbeitung
1995, 65 Abb., 150 Seiten, ISBN 3-540-58634-2 88,– DM

82 **Kahlenberg, R.**
Integrierte Qualitätssicherung in flexiblen Fertigungszellen
1995, 71 Abb., 136 Seiten, ISBN 3-540-58772-1 88,– DM

Die Bände sind im Erscheinungsjahr und in den Folgenden drei Kalenderjahren
zu beziehen durch den örtlichen Buchhandel
oder durch Lange & Springer, Otte-Suhr-Allee 26-28, 10585 Berlin